跨越时空的相遇

中国古塔建筑解读

杨 硕◎著

新 华 出 版 社

图书在版编目（CIP）数据

跨越时空的相遇：中国古塔建筑解读 / 杨硕著 . —
北京：新华出版社，2022.9

ISBN 978-7-5166-6374-5

Ⅰ . ①跨… Ⅱ . ①杨… Ⅲ . ①古塔 – 建筑艺术 – 研究
– 中国 Ⅳ . ① TU-092.2

中国版本图书馆 CIP 数据核字（2022）第 138986 号

跨越时空的相遇：中国古塔建筑解读

作　　者：杨　硕

责任编辑：徐文贤　　　　　　　　　　　　**封面设计**：刘红刚

出版发行：新华出版社

地　　址：北京石景山区京原路 8 号　　　　邮　　编：100040

网　　址：http: //www.xinhuapub.com

经　　销：新华书店、新华出版社天猫旗舰店、京东旗舰店及各大网店

购书热线：010-63077122　　　　中国新闻书店购书热线：010-63072012

照　　排：北京亚吉飞数码科技有限公司

印　　刷：北京亚吉飞数码科技有限公司

成品尺寸：165mm×235mm　　1/16

印　　张：14　　　　　　　　　　　　　　字　　数：155 千字

版　　次：2022 年 11 月第一版　　　　　　印　　次：2022 年 11 月第一次印刷

书　　号：ISBN 978-7-5166-6374-5

定　　价：86.00 元

前言

　　站在实现第二个百年奋斗目标的新起点上，应深入发挥公共文化艺术在传承发展中华优秀传统文化、展现国家形象、服务经济社会发展等方面的重要作用。基于此，要积极引导广大艺术工作者以崭新的面貌及创新理念创作精品力作，更好地服务于人民群众的高品质生活需求；推动中国公共文化艺术事业在新时代的繁荣发展，增强新时代中国文化软实力的感召力和影响力。

　　我国的古塔是佛教建筑与本土建筑相结合而形成的一种特殊的建筑形式，承载了悠久的文明历史，是我国古代杰出的高层建筑，也是我国城乡公共文化艺术的重要构成部分。它将佛教文化、地方民俗、传统美学凝聚到建筑空间创作之中，成为重要的公共景观和文化形象，是中华民族宝贵的精神财富。

　　中国古塔在漫长的千年岁月中随着朝代的更迭历经浮沉，不断发展创新、与时俱进，呈现出千姿百态的造型、古朴庄重的风格。在广袤的中国大地上，古塔的设计因地制宜，展现出或巍峨挺拔，或玲珑秀美，或简洁质朴，或高贵典雅的不同特点，这些造型精美、工艺精湛的古塔遍布在全国各地，点缀在绿水青山之间，成为一道道独特、靓丽的风景。

本书从多个维度和角度展示了古塔的风韵，阐述了古塔的造型、建造工艺等特点。首先，带你了解古塔建筑的发展脉络，感受古塔建筑庄重、典雅的艺术特征。其次，带你透视古塔，认识古塔丰富多样的造型，欣赏古塔巧夺天工的建造工艺。再次，带你领略经典古塔的风姿神韵，从鬼斧神工的西安大雁塔到钱塘江畔的杭州六和塔，从冲破云霄的超高古塔到绚丽精致的琉璃塔……从这些千年古塔中感受建筑之美，体会古塔丰厚的文化底蕴。然后，一起来领略各地的塔林，感受塔林的恢宏气势与肃穆庄严的氛围。最后，以空间地域为线，带你欣赏富有地方特色的各地古塔，感受古塔的地域风情。

本书语言生动，图片精美，兼具知识性和欣赏性。跟随本书一起跨越时光的长河，纵横九州大地，认识不同时代、不同地区的古塔，从形态万千、绰约多姿的古塔中，感受跨越千年的悠悠古塔的独特韵味，了解不同地区的古塔的地方特色，鉴赏古塔建筑的艺术魅力，体会古塔建筑之美，感受其作为公共文化艺术的传统美学意义与历史文化价值。

作　者

2022 年 6 月

目 录

第三章　身落凡尘，心守净土：阅经典古塔神韵

第四章　遗世独立，风韵独秀：赏中国古塔之绝美

第五章　佛光塔影，禅意浓浓：穿寺绕径游塔林

第六章 一地一塔，蔚为壮观：随古塔看世间风华

第一章

古塔风情，一醉千年：触摸古塔遗韵

中国古塔建筑的诞生与佛教有不解之缘，它作为一种"外来引进"的建筑形式在中国生根发芽，融入中国文化特色与建筑特色，成为中国古代建筑体系中不可或缺的一员。

巍巍中国古塔，以挺拔耸立的身姿见证千年沧桑岁月的变迁，它们成为中国文化的载体，也为中国山林增光添彩。

古塔建筑的前世今生

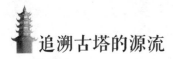

追溯古塔的源流

塔，梵文音译"窣堵坡"（Stupa），汉文意译"聚""塔婆""浮屠""舍利塔""七宝塔"等，后统称为"塔"。塔作为建筑形式最早出现于古印度，早期是佛教专属建筑。

相传佛陀（释迦牟尼）在世时，有位长者建造佛塔用于供奉佛陀的头发、指甲以表崇敬；也有传说称，佛塔是在佛陀涅槃后建造的，用于安置佛骨舍利。

中国古塔建筑是随着印度佛教的传入而传入中国的，与佛教的中国化一样，塔这一建筑形式传入中国后也深受中国传统文化、建筑艺术的影响，逐渐形成了具有中国特色的古塔建筑，成为典型的高层建筑形式。

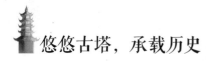 悠悠古塔，承载历史

中国古塔以中国传统文化和建筑艺术为基础，不断创新，形成了类型丰富、造型各异、文化底蕴深厚的建筑艺术形态，它们不再仅仅具有礼佛功能，更是地方民俗文化的象征，也是地域标志性建筑物，是中国文明的载体。

目前，据不完全统计，我国历代遗留古塔三千余座，拥有700年以上历史的古塔有百余座。其中，名塔众多，享誉中外。如崇文塔，是中国最高的古塔（87.218米）；嵩岳寺塔，是密檐式塔类建筑的鼻祖；应县木塔，是世界上现存唯一最古老（距今1000余年）的木塔，与埃菲尔铁塔、比萨斜塔齐名，三者并称"世界三大奇塔"；等等。这些古塔不仅充分展现了古代匠人的建造智慧，是建筑艺术珍品，更具有重要的文化和历史价值。

千年古塔话沧桑

建筑史学者一般称印度古塔为"窣堵坡"，称中国古塔为"塔"。中国古塔是中国化了的高层建筑，在中国很难找到完全照搬印度古塔建筑形制的塔。[①]

塔自汉代随佛教传入中国，经历了千年历史文化的洗礼，中国古塔已经逐渐与印度古塔建筑相去甚远。

中国古塔最初的作用是用来存放佛骨舍利、经文等，随着古塔建筑的不断发展，其建筑功用不再仅限于存储功能，它广泛吸收中国建筑艺术、中国地方民俗文化，充分融入中国古代建筑体系与建筑文化之中，更多地体现出了中国特色。

---

① 夏志峰，张斌远.中国古塔 [M].杭州：浙江人民出版社，1996：8.

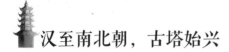

汉至南北朝，古塔始兴

东汉时期，佛教初传入中国。晋袁宏的《后汉纪》中记载："明帝梦见金人，长大，项有日月光，以问群臣，或曰：'西方有神，其名曰佛'"。汉明帝于是遣蔡愔等使臣西求佛法，蔡愔等人到大月氏国（今中亚阿姆河流域）后，遇到僧人迦叶摩腾和竺法兰，抄写了许多佛经，并与僧人同回汉朝。明帝命人在洛阳城外修建了中国历史上的第一座佛寺——白马寺，该寺因佛经用白马驮回而得名。

自汉明帝开始，中国开始兴建佛教寺庙和佛塔，佛塔主要用于存放佛经、佛骨、舍利。佛教类书《法苑珠林》中曾提到，五台山上寺塔众多，仅中台就有一千多座塔。[1]这一时期，佛教备受统治阶级和贵族的推崇，佛教史籍《洛阳伽蓝记》曾记载，汉明帝陵祇园上就曾修建过一个小寺塔。

汉以后的两晋时期，中国从大一统走向分裂和战乱，百姓流离失所，佛教教义给了人们心灵慰藉。至南北朝时期，佛教自上而下全面普及，人们开始大量修建寺塔、开凿石窟，寺塔与石窟盛极一时。

这一时期的寺塔建筑中有很多木塔，它们在历经风雨和战火洗礼后，大都消逝在历史的长河中了。这一时期保存至今的古塔主要有苏州报恩寺塔（始建于南朝梁）、河南登封嵩岳寺塔[2]（北魏，砖塔）等。

---

[1] 刘策.中国古塔[M].银川：宁夏人民出版社，1981：87.
[2] 中国地表现存最古老的塔。

苏州报恩寺塔

嵩岳寺塔

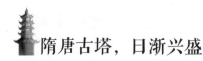

隋唐古塔，日渐兴盛

隋唐是我国封建社会的繁荣时期，这一时期，政治稳定，经济繁荣，统治阶级礼敬佛教，佛教在中国流传广泛，古塔建筑的建造也日渐兴盛，古塔数量大增。

隋朝古塔

隋朝时期，隋文帝和隋炀帝都十分推崇佛教，下令修建了很多佛寺和道场以弘扬佛法，并在全国多处修建舍利塔。这一时期的代表性古塔有隋塔、法王塔、四门塔等。

隋塔，地处浙江省天台县，建于隋朝开皇年间。隋塔是一座六面九级的砖塔，塔身为黄褐色，塔壁外有精美佛像雕刻，塔顶无塔头，在塔内可仰望蓝天。

法王塔，在今陕西省周至县仙游寺内，建于隋文帝时期，是一座七层密檐式塔，是我国现存唯一的隋朝砖塔。

四门塔，位于山东省济南市历城区神通寺内，为单层亭阁式建筑，因塔身四面设门而得名，是我国现存唯一的隋朝石塔。

四门塔

唐朝古塔

唐朝虽是道教立国，唐高祖李渊曾推出"先道后佛""老先、孔后，末后释宗"的政策，但在这一时期，佛教仍得到了广泛的发展，这与唐朝政治经济文化的全面发展不无关系，也与唐朝王室中几位统治者对佛教的态度密切相关。

《集古今佛道论衡》记载，唐太宗提出"今李家据国，李老在前；若释家治化，则释门居上"，客观上促进了佛教在中国的进一步普及。《新唐书·苏瑰传》记载："武后铸浮屠，立庙塔，役无虚岁。"武则天时期，古塔数量每年都在增加。唐玄宗时期"崇儒、信道、抑佛"，此后，佛教在唐朝几兴几落，并逐渐走向民间。

千佛塔塔身的佛像

夜幕下的大姚白塔

九顶塔

大理崇圣寺三塔

佛教在唐朝的发展客观上促进了佛塔的兴建，虽然佛寺与佛塔在唐朝经历了数次大规模拆除，但仍有百余座古塔建筑保留至今，其中颇具代表性的古塔有陕西西安大雁塔、台州千佛塔^①、云南省大姚县大姚白塔^②、济南九顶塔、大理崇圣寺三塔等。

唐朝古塔多为方形，在建筑形制上多为楼阁式、密檐式、空筒式塔，大型塔多为砖塔，小型塔多为石塔，一般不设塔基，拔地而起，轮廓优美，恢宏大气。

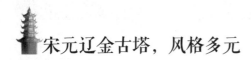

宋元辽金古塔，风格多元

整体来说，宋元辽金的古塔在形制上多承袭前朝，在设计上亦有创新，这一时期的古塔与隋唐时期相比，风格更加多样化。

宋朝古塔承袭隋唐的空筒式设计，在此基础上，创新了壁内折上式结构设计，使塔结构稳固，气质清秀典雅。代表性古塔有杭州六和塔^③、开封铁塔^④、瑞安观音寺石塔^⑤（位于今浙江省温州市）、苏州瑞光塔等。

----

① 又名多宝塔，塔身用佛像砖装饰，佛像多达千尊。
② 塔形如磬锤，又称磬锤塔，《云南通志》记载："白塔建于唐时，西域番僧所造。"
③ 始建于北宋，屡毁屡建，现存塔身为南宋修建，外部檐廊为清朝修建。
④ 始建于北宋，并非铁铸，塔身褐色琉璃砖色如铁。
⑤ 始建于北宋，为仿木石塔，塔身雕400余尊佛像，刻有铭文，原为七层，现残存六层。

钱塘江畔的六和塔

开封铁塔

六胜塔

　　元代时期，藏传佛教盛行，对佛塔建筑形式产生了影响，这一时期的古塔建筑出现了覆钵式形制。元代古塔数量不多，但各地均有分布，代表性古塔有六胜塔[①]（位于今福建省石狮市）、半山塔（位于今安徽省明光市）、美榔姐妹塔（又名双塔，位于今海南省澄迈县）、辽宁义县嘉福寺塔（又称广胜寺塔，位于今辽宁省义县）。

　　辽代古塔的一个重要建筑特色是多设斗拱，气势雄健华丽，风格各有特色。代表性古塔有辽阳白塔，内蒙古巴林左旗辽上京南塔、北塔，锦州凌海班吉塔[②]、应县木塔等。

---

① 始建塔已废存，现存塔建于元顺帝年间，曾发挥海上航标的作用。

② 又名半截塔，曾遭破坏，是一座造型精美的辽代花塔。

金代建塔多仿唐塔、辽塔，但与前朝不同的是，在塔身上增添了伞盖、飞天、经幢、城楼、飞桥等内容的雕刻装饰，形制多样但未成体系。洛阳白马寺山门外的齐云塔是中原地区为数不多的金代代表性古塔建筑遗存。

齐云塔

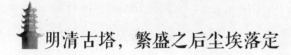

明清古塔，繁盛之后尘埃落定

明清古塔具有繁复华美的建筑特点，这一时期的塔以砖塔居多，亦有砖木或砖石混合塔，在建筑形制上多楼阁式塔，建筑平面有方形、六边形、八边形等，塔的种类丰富，有佛塔，也有风水塔，有楼阁式、密檐式、覆钵式塔，也有阿育王式、喇嘛教式、金刚宝座式塔，种类齐全，不一而足，但总体质量不如宋代。

明清佛教繁盛时期，古塔超过千座，清末及以后，佛教在中国的影响呈现断崖式的萎缩之势，延续千年的古塔建造之风也终于在历史的长河中告一段落。

目前，我国留存至今的明清时期的代表性古塔主要有广胜寺飞虹塔①（明朝古塔，位于今山西省洪洞县），灵隐寺理公塔（明代砖塔，位于今浙江省杭州市），英德文峰塔（明朝古塔，位于今广东省英德市），赤岗塔、琶洲塔和莲花塔（明代砖塔，位于今广东省广州市），表灵塔（清朝砖塔，位于今安徽省宣城市）、资中三元塔（清朝砖塔，位于今四川省资中市）等。

---

① 属楼阁式塔，是我国现存唯一留有工匠题款、最完整的琉璃塔，曾获"世界最高的多彩琉璃塔"世界纪录认证。

飞虹塔

理公塔

资中三元塔

三元塔内特殊的塔砖

　　三元塔位于高山观，建于清代，是一座7层砖塔，各层四面设窗，可远眺江景，塔身面向江面开门，底层门上碎瓷片镶嵌组成"三元塔"三字。

　　古代文人们十分喜欢三元塔，不仅因为三元塔是临江观景的好地方，还因为游览三元塔能讨个科举高中的好彩头。相传，三元塔内的数千块塔砖中不规则地分布着十余块刻有"联捷三元"文字的塔砖，谁能越快、越多地找到这些塔砖，谁就能考试连续三次高中，因此每年科考前，都有学子来三元塔寻找塔砖。据说清末状元骆成骧就曾在考前来过三元塔寻塔砖，后来被光绪皇帝钦点为状元。

巍巍古塔展神韵

中国古塔历史悠久，具有浓郁的中国古代建筑特色，其数量多、造型美、建筑工艺高超，体现了深厚的中国文化和建筑艺术审美。

古塔身姿，凸显宗教审美

我国原本并没有塔，塔建筑是随着佛教传入中国的建筑"舶来品"，最初，塔的建筑功用也十分明确，即用于存放舍利、佛经，这就让塔建筑带有了神圣的佛教信仰意义。

正所谓"宝塔平地起"，古塔建筑所蕴含的神圣的佛教信仰意义决定了佛塔拔地而起、高大伟岸的基本建筑外形，也使其位居中国古代高层建筑之列，这样的建筑外形给人以崇敬、仰望之感，契合了人们的宗教心理与审美情感。

悠悠古塔，蕴含传统哲学与审美

中国古塔存在千百年，见证岁月变迁，历经风雨洗礼，却依然能巍巍屹立不倒，与历朝历代的精心修葺有关，但更多的是得益于古塔本身的建筑结构巧思。

中国古塔建筑平面或圆或方，或为多边形，皆为对称结构，一些古塔建筑平面圆中设方或方中设圆，与中国古代"天圆地方"的传统观念相契合，这些独特的建筑平面结构设计符合中国传统哲学审美，同时，也保证了古塔建筑的稳定性。

作为高层建筑，古塔的存在不是建筑材料的简单加高堆砌，而是发挥着存储佛教圣物的建筑功用，更是古代人们的情感寄托。赏悠悠古塔，或远眺或近瞻或登临，都能给人以心灵慰藉，使人心境得以升华。这种特殊的古建筑形式及审美情感符合中国古人隐晦且极富内涵的传统审美表达。

传续千年，于规则中求变

受塔的宗教意义影响，古塔建筑应遵循一定的规则与法度，如外在建筑形象、纵向建筑布局等，但在众多中国古塔中，少有一样或极为相似的古塔，体现了中国古人无尽的创造智慧。

举例来说，小雁塔和天宁寺塔同为密檐式塔，前者秀丽、灵巧，塔身有天人、蔓草、祥云等图案，反映了初唐佛教文化及建筑审美；

小雁塔   天宁寺塔

后者俊美、壮丽，塔顶承宝珠为刹，塔座饰花草、人物浮雕，体现了辽塔的建筑风格与水平。

总之，中国古塔虽然形制多（楼阁式、覆钵式、密檐式等），但相同形制的塔在建筑外形、建筑结构上也极少有完全相同的，不同时期的古塔建筑风格也不尽相同，体现了不同时期的建筑工艺与审美特点，这种创造性的建筑艺术水平和审美在中国千年古塔史上代代传续，从未间断。

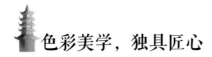

色彩美学，独具匠心

建筑色彩是中国古代建筑的重要组成部分和建筑审美体现，中国古塔大多以灰色为主要建筑色彩，以体现古塔的质朴、庄重之感，但依据古塔建筑功用、建筑寓意，中国古塔中也融入了一些别样的色彩，如圣洁的白塔、富丽堂皇的琉璃塔，色彩的运用体现了古人成熟的建筑审美和建筑匠心。

除了极具中国特色的建筑外形美、轮廓美、形制美、色彩美，中国古塔的建筑雕塑工艺美、建筑与环境的和谐统一之美也往往令人赞叹，具体将在下一章详细解析。

西湖岸边斜阳落古塔

第二章

空间透视，建筑解读：一览古塔魅影

矗立在祖国大江南北的古塔，各有各的美丽与风采，似乎很难找到两座完全一模一样的古塔，它们成为当地令人瞩目的地标性建筑物之一，浸透了历史风韵，散发着古朴的气息，弥漫着诗意的光辉。

　　中国古塔有着不同的形态分类、建筑构造和工艺，其与周围环境的融合、共生、相互衬托，都值得我们用心体会、仔细研究与学习，在那一座座美丽的倩影中寻求内心长足的安宁。

中国古塔可谓千姿百态

在神州大地上，数以万计的古塔矗立在壮美山河间，或厚重古朴，或典雅轻盈，或精致壮观，美得千姿百态。

按照古塔的层数、横截面、建造材料、建筑风格、形制等不同特征，古塔可被分为不同的类型。

 ## 按照塔的层数和横截面划分

按照层数去划分，古塔可分为单层塔或多层塔。僧侣的墓塔一般都是单层塔，规模较小。多层塔则很常见，因为古人认为单数是阳数，比较吉利，所以在建造多层塔的时候，大多会选择建造单数数字的多层塔，比如 5 层塔、7 层塔、9 层塔等。

按照塔的横截面去划分，大致可分为方形、圆形、八角形、十二角形等，比较知名的方形塔有河北的修定寺塔，位于山西省的泛舟禅师塔则是一座年代久远的圆形古塔。八角形、十二角形塔则较为常见。

按照塔的建造材料划分

按照建筑质地和材料去划分，古塔可分为木塔、砖石塔、金属塔等不同的种类。中国早期的佛塔都是木塔，诗人杜牧曾感叹"南朝四百八十寺，多少楼台烟雨中"，而这"四百八十寺"中的佛塔大多是用木材建成。现存的知名木塔有应县木塔（也称佛宫寺释迦塔）等。木塔采用的是传统的梁柱体系，其塔身外观或内部的装饰手法多样，如雕刻、彩绘等。大多数木塔都给人以巍峨、轩昂之感，但木塔同时也有着诸多缺点，比如容易失火、易遭虫蛀等。

继木塔之后，随着古代砌筑技术越发成熟，砖石塔变得越来越受欢迎。砖石塔一般是立体线条，四方八面，层次明朗，整体给人以简洁、庄重之感。著名的砖石塔有河北开元寺须弥塔、云南大理崇圣寺三塔等。砖石塔比木塔耐保存，防火、防潮性能好，但砖块、石头沉重，且弹性不如木头，所以砖石塔的建造难度比木塔高。

古塔建筑中的精品：开元寺须弥塔

　　金属塔指的是用各种金属材料制成的塔，如金、银、铜、铁等，其中以铜制、铁制最为常见，比如矗立于广州市光孝寺内的西铁塔。

按照塔的形制风格划分

在建筑学上，习惯于按照古塔的形制风格、空间形象去分类。按照不同的形制风格，古塔分为楼阁式、密檐式、亭阁式、覆钵式等不同的类型。每一类型的古塔都有其独特的建筑质感。

 ## 楼阁式

中国古塔中，楼阁式塔的数量众多，分布在祖国大江南北的各个角落。楼阁式塔一般外形高大，远远看去，十分挺拔壮观。

楼阁式塔的建筑结构一般为"上累金盘，下为重楼"，我国传统的楼阁等建筑也有着类似的造型风格和特征，而这也是此类塔塔名的来源。在佛塔广泛流行之前，我国建造高大楼阁的技术与工艺已经达到一定水平。而早期楼阁式塔的修筑就建立在这种较成熟的技术与工艺的基础上，《洛阳伽蓝记》中说，永宁寺有一座高约"九十丈"的塔，塔刹直插云霄，高约"十丈"，塔身塔刹加在一起一共高出地面"一千尺"。[①] 通过这段记载足以想见早期楼阁式塔的风采。之后，随着建造工艺越来越精湛、成熟，楼阁式塔的建造数量也变得越来越多。

---

① 罗哲文.中国古塔[M].北京：中国青年出版社，1985：32-33.

典型的楼阁式塔：杭州六和塔

 密檐式

　　密檐式塔是从楼阁式塔发展而来的，其在外形上与楼阁式塔很是相似，无论是高度、层数、体量等都差别不大，不同之处在于，密檐式塔的塔檐数量更多、更密集，一如塔名。密檐式塔塔身的第一层通常设有门窗，内部饰以佛龛、佛像，而第一层往上，各层间塔檐紧密相连，层层重叠，塔檐下不设斗拱，也没有梁柱支撑，塔身亦不设门

典型的密檐式塔：西安小雁塔

窗，一些密檐式塔会在各级塔檐间设置一个个精巧的孔洞，以实现更好的通风采光。

密檐式塔的内部通常不设楼板、楼梯，甚至有的塔内部是实心的，比如辽、金时期所建造的大部分的密檐式塔。这使得这一形制的塔无法满足人们登高远眺的观览需求，哪怕有的密檐式塔内部设有楼梯，但在最初建造的时候也不是为了满足人们的观览需求的。

亭阁式

顾名思义，亭阁式塔的塔身多为各种形状的小亭阁，以方形、六角形、圆形最为常见。这种形制的塔一般都是单层塔，双层很少见。

亭阁式塔同样有着悠久的历史，印度窣堵坡建造技术传入国内后，与我国传统亭阁建筑技术相互影响、相互融合，产生了这一独特的塔的形式（楼阁式塔也受到印度窣堵坡的影响）。其造型小巧精致，塔身下部建有台基，顶部建有塔刹，塔内多设有佛龛。作为僧尼墓塔，其建造工艺较简单，曾盛行于唐朝，后期却逐渐衰落。

覆钵式

覆钵式塔又称为藏式塔，早期很少出现，自元代以后才大量建造与流行，它独特的外形与尼泊尔窣堵坡式塔很是相似，是受到了后者影响的缘故。覆钵式塔没有统一的建造规格，但都有着类似的基本形式。其基台都采取的是须弥座的形式，高大华丽，须弥座上承托着覆钵式的塔身，像极了圆滚滚的肚子，因此又称为"塔肚子"。塔身上部连接着"塔脖子"，即收缩的相轮座，相轮座上方则是笔直的塔刹。典型的覆钵式塔有北京妙应寺白塔、山西五台山塔院寺大白塔等。

其他形制

除了楼阁式、密檐式、亭阁式、覆钵式塔外，古塔的形制还包括

典型的傣族塔：西双版纳曼飞龙塔

金刚宝座塔、花塔、傣族塔、过街塔等。其中，傣族古塔大多位于西双版纳，绝大部分为实心塔，显示出当地人建塔的诚心。著名的傣族塔有曼飞龙塔，采用的是一主八副九塔的样式，远远望去，只见九座白塔建立在近圆形的须弥座上，宛若圣洁塔林，十分壮观。

过街塔指的是建立在街道中、大路上的塔，其塔身一般与高台连接，高台中央开有或大或小的门洞，行人经过时相当于向佛行礼、沐浴佛光，而不必专门去寺庙、塔中进行朝拜。居庸关云台是元代过街塔的基座，基座上曾建有三座白色藏式佛塔，这三座佛塔始建于元至正二年（1342年），于明初先后被毁。在不同的历史时期，居庸关云台曾经历过重建、修缮，逐渐形成如今的模样。

金刚宝座塔、花塔等后文皆做了详细介绍，在此不做赘述。

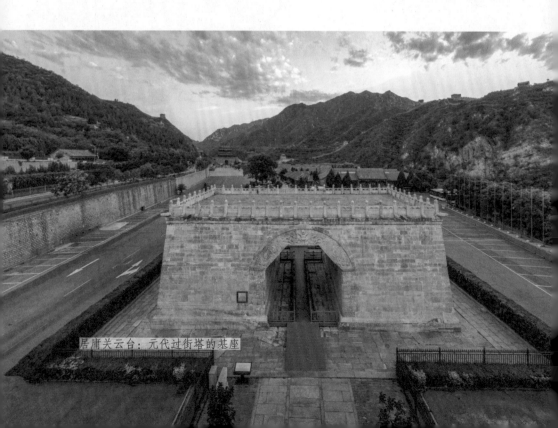

居庸关云台：元代过街塔的基座

表 2-1 中国古塔的不同形制和形制特征

古塔形制		形制特征
楼阁式塔	标准楼阁式	塔层较高，高度自下而上逐层减少
	密檐楼阁式	各层檐之间距离很近，呈密叠状
	仿楼阁式（实心）	内部为实心结构，不能登临
密檐式塔		由密檐楼阁式塔演变而来
亭阁式塔	单层单檐	只有一层塔檐
	单层重檐	一般为两层塔檐，三层塔檐极少
覆钵式塔		实心建筑，台基一般是须弥座
金刚宝座塔		宝座上的塔形式不一，有密檐式、楼阁式等
花塔		塔身上半部饰以各种图案、花纹
傣族塔		实心塔居多，塔上多有精致绘画
过街塔		高台承托塔身，高台开设门洞
经幢式塔	经幢	六角形、八角形居多，幢身用来雕刻经文，基座以莲花座造型居多
	幢式塔	同时具有密檐式塔和经幢的风格
宝箧印经塔		塔身为方形，大部分为单层
复合式塔		不同部分具有不同类型塔的特征

中国古塔之构造堪称绝妙

　　作为古代优秀的高层建筑，古塔种类繁多，变化多端，虽然运用不同建造材料建筑的塔的内外结构方法、修造方法有所不同，但其基本构造都是万变不离其宗的，无论是木塔、砖石塔，还是铜铁金属塔等，都由地宫、塔基、塔身、塔刹四部分组成。

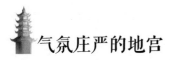 气氛庄严的地宫

　　地宫位于古塔塔基下方，是一方幽闭空间。地宫气氛庄严肃穆，是用于埋葬佛骨、安放佛经、保存佛舍利的地方。古塔地宫的构造在某些方面契合我国传统墓葬规制，其大小不一，因塔而异。有的地宫

046 │ 跨越时空的相遇
中国古塔建筑解读

内部结构复杂，规格宏大，有的地宫建筑面积却小得仅有立足之地。

地宫的平面一般以方形居多，六边形、八边形、圆形等也很常见，主要是根据塔的整体造型而定。为了保证地宫的牢靠稳固，一般以砖石为原材料砌筑而成。在设计之初，地宫墙面就被留出合适的地方，用来开设门洞，修筑甬道，连接外界，以方便进出。

规模较大的地宫内壁上往往饰有主题不一、形态各异的佛教事件、人物和图案，有的地宫里还竖立着醒目的碑石，碑石上刻有古塔的修筑情况或其他内容。珍贵的佛舍利一般被存放在地宫内的石函里，更准确地说是放置在石函内部最里层的坚硬的石匣或小型石棺（抑或用金、银、玉等材质制成）里。

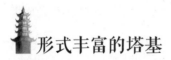

形式丰富的塔基

作为塔的下部基础，塔基覆盖于地宫之上。唐代以前，塔基的高度最低的只有十几厘米，形制也相对简单，没有过多的装饰，如玄奘塔、嵩岳寺塔等，由于年代久远，有的甚至几乎看不到塔基。

唐代以后，塔基逐渐分为了基座和基台两个结构部分，基台沿袭了唐以前的基础作用，没有过多的装饰，基座建筑于塔基之上，高大雄伟。

相比规格简陋的基台，基座形样更加丰富，规模更加宏伟，雕饰也更加华丽、生动和丰富，雕刻了各种佛像、飞天的基座，逐渐成为古塔造型的重要组成部分。这种华丽的特征，在辽金以后更加明显。而须弥座 ① 这种高等级的、技艺精湛的台基形式变得广泛流行起来。发展至明清时期，须弥座寺塔建筑是很常见的，比如初建于清顺治年间的北海白塔，其台基便是典型的须弥座形式。

北海白塔的基座：十字折角形的石砌须弥座

　　基座在古塔建筑上的发展，与我国古代建筑传统中对建筑地基的重视有着密不可分的关系，其不仅确保了建筑物的坚固稳定，还彰显了传统建筑的庄严美感。

———————

① 原是印度佛教文化观念中的一种佛座，象征神圣、坚固。

各具特色的塔身

　　塔身是塔的主体，在古塔的全部结构组成中占比最大，其丰富多样的形制，也是用来区分古塔类型的主要参照。比如塔身只有一层的亭阁式塔；具有圆形塔肚和一根竖长塔顶的覆钵式塔；由一个巨大的方形塔座和五座塔组成的金刚宝座塔；朱栏碧瓦、丹柱粉壁，布满装饰性雕刻的花塔等，各具特色，不一而足。

　　从内部结构上说，塔身的内部有空心和实心两种构造。空心塔结构较为复杂，有全木结构、砖壁木层结构、中心柱结构（木柱或砖石柱）等，塔内部有阶梯和楼层，可以登临远眺，较为典型的代表为楼阁式塔，如泉州的六胜塔，内部有着回廊式结构，塔身内外均设有走廊，既美观又实用。实心塔的内部由砖石和夯土填砌而成，分为有中心柱和无中心柱两种，人无法攀登，在我国相对少见。

　　建于不同时期的古塔有着其所处朝代的典型的建筑特征，比如被人们赞誉为"宝塔之冠"的龙华塔（位于今上海市徐汇区），据说始建于三国时期，后于宋太平兴国二年重建，这座古塔便带有浓浓的宋代楼阁式塔的风格与特征，最显著的是环绕塔身、从斗拱向外延伸的飞檐，仿若神来之笔，将龙华塔衬托得古意盎然、韵味十足。更特别的是，其檐角上都悬挂着铜铃，在微风的轻拂下发出清脆的响声，别具风韵。

千年龙华塔的塔身细节

攒尖收尾的塔刹

　　塔刹攒尖收尾，冠盖全塔，属于古塔构造的重要组成部分。塔刹在建筑功能上有着不可替代的作用（可用来连接、固定其他建筑构件，防止雨水下漏等），从艺术欣赏等角度来看，塔刹往往造型优美、材料不一、形式多样，给人以灵动轻盈的视觉感受和审美体验。

　　比如广东佛山青云塔始建于明万历年间，其塔刹造型精美，由莲花刹座、八棱柱刹身、球形刹顶和笔直的刹杆组成，整体仿佛一座精致优雅的迷你塔，给人留下了深刻的印象。

广东佛山青云塔

表 2-2 不同形制古塔的代表性古塔及建筑结构

古塔形制	代表性古塔	建筑结构
楼阁式塔	西安大雁塔	地宫、基台、塔座、塔身、塔刹
檐式塔	西安小雁塔	基座、塔身、塔檐、塔刹
覆钵式塔	北京妙应寺白塔	塔基、塔身、塔刹
金刚宝座塔	真觉寺金刚宝座塔	基座（须弥座）、金刚宝座、塔身、塔刹
花塔	河北广惠寺花塔	地宫、塔基、塔身、塔刹
傣族塔	西双版纳曼飞龙塔	塔基（须弥座）、塔身、塔刹（相轮、宝瓶等组成）

中国古塔之工艺犹如鬼斧神工

"宝塔凌苍苍，登攀览四荒。顶高元气合，标出海云长。"一流的建筑工艺水平成就了中国古塔的建筑质感，铸就了古塔的万千气象，一块块原本平常普通的砖、瓦、木头在古代工匠们的手里仿佛拥有了神奇的魔力，最终凝聚成绚丽多姿的古塔形象。

建造工序：细致打磨，有条不紊

古塔的建造工艺就体现在其建造工序之中，总体而言，塔的建造工序分为五大步骤：定样、筑基、搭架、砌塔身和安装塔刹。[①]

---

① 夏志峰，张斌远.中国古塔[M].杭州：浙江人民出版社，1996：55.

定样指的是对建筑的形制、式样、构造等进行规定。早期佛塔的定样主要受到中国传统建筑特色的影响，除此之外，不同地点、不同建筑规模的塔有着不同的定样标准，当时的人们往往会根据建塔地的自然条件、地貌特征去制定不一样的标准。

确定了塔的规格、形制后，就进入了筑基阶段。古代宫殿、城墙等建筑的地基都是采取人工夯筑的方法，佛塔也是如此，而在修筑地基的过程中，地官的建造也一并进行。

完成古塔筑基工作后，下一步是搭架——搭建空中作业台（即今天所说的搭建"脚手架"）。在我国古代的建筑实践中，空中作业台的应用很早，建筑古书《营造法式》中称空中作业台为"鹰架"，唯有重视"鹰架"的建造质量，才能顺利砌塔身、安装塔刹。

木塔、砖石塔等不同材料的塔的塔身建造在工艺上也有所差别。比如木塔需要着重考虑立柱、梁坊、斗拱等构造的加工与组拼，砖石塔的施工难度则要更大一些，如何高空砌筑沉重的砖石、瓦块是施工工匠们必须要解决的难题。在砌塔身的过程中，每一个细节都不能忽视，每一道工序都需认真对待，细致打磨，有条不紊地进行。

最后的结顶工作，即安装塔刹的施工难度也是很大的。在修筑塔身的过程中，就要同时完成刹杆（通常为木柱，为了将塔刹起吊至塔顶高度）的安装。

矗立于神州大地上的那些屹立千年的古塔在当初建造时可能耗费了工匠们数年甚至数十年的功夫，经过无数复杂的工序，充分运用工匠们的设计智慧、成熟的经验、持久的耐力才铸就了一座座艺术精品。

中国早期佛塔与印度佛塔一模一样？

《魏书·释老志》中说："凡宫塔制度，犹依天竺旧状而重构之，从一级至三、五、七、九。"似乎是说，中国古代佛塔的建筑规格、形制都是以印度佛塔为原型，去按比例重构、复制的。这种说法当然不符合历史事实，因为《魏书》的作者并未去过印度，只知道佛塔这种建筑形式是从印度传入国内的，所以认为中国的佛塔与印度佛塔不会有太大差别，这只能算是作者的一种猜测和推断。

实际上，早期佛塔的设计者、建造者在给佛塔定样时，虽然也参考、汲取了印度佛塔的构造因素和设计特色，但主要采取的是"上累金盘，下为重楼"的中国传统建筑式样，而带有浓浓中国特色的佛塔的建筑形象被当时的人们迅速接纳与喜欢，并流传千年。

装饰艺术：丰富多彩，极具魅力

中国古塔的装饰手法与传统的殿宇楼阁等古建筑所采用的装饰手法一脉相承，尤其是继承了雕梁画栋等美学传统。另外，大部分古塔的内外装饰中都或多或少地运用了雕刻、壁画、彩绘等艺术形式。

内部装饰

很多古塔的内部装饰都以佛像雕塑、彩绘为主，比如建于明朝的万寿宝塔（位于今湖北省荆州市），塔四层以下的室内佛龛上都供奉着一尊金身佛像，最底层的为主佛，其余三层为坐佛。佛像面目慈祥敦厚，身材高大威严，整体线条流畅、精致，自有一股庄重静穆之美。

初建于唐朝的白象塔（位于今浙江省温州市）内曾出土了40多尊北宋彩塑佛教造像，色泽艳丽，题材丰富，形神毕肖，而每尊造像都是不可多得的艺术珍品，体现了宋代彩塑技艺的超高水准。其中，有两尊彩塑观音菩萨像极具绚烂之美，因此获得"东方维纳斯"的美称。有一尊菩萨像通高60多厘米，其面部丰润，神态安详，体态轻盈，令人见之忘俗。另一尊菩萨像神情恬静，眉清目秀，双手合十置于胸前，整体线条流畅细腻，富于律动感。

中国古塔内部的斗拱额枋、天花藻井、彩绘壁画等种种装饰亦格外引人注目。比如山西应县木塔，塔内明层都供有佛教塑像，底层的释迦牟尼像高大伟岸，神态怡然，神像顶部的穹隆藻井精美玄妙，更加深了佛像的庄重威严之感，让人心生敬意。周围墙壁上画满了壁画，着重刻画的佛教人物有如来、飞天、金刚、天王、弟子等，全都比例匀称，色彩鲜艳，是古代壁画中的精品之作。如门洞两侧壁上的金刚像，神态威严、怒目圆睁，很是生动形象。二层设有一主佛、两位菩萨等，三层设四方佛，五层中央设释迦坐像，八大菩萨围坐八方。

应县木塔内佛像彩绘

外部装饰

除了内部装饰外，古塔的外部装饰亦是丰富多彩，令人啧啧称赞。明朝建成的飞虹塔塔身二层以上镶嵌着五彩琉璃雕饰，在阳光下熠熠生辉、美轮美奂，不愧为中国最华丽的古塔。

位于河南省安阳市的修定寺塔始建于北齐年间，其塔身粗壮、敦实、坚固，远看不起眼，近处细观，才发现塔身上布满繁复、精美的雕刻，让人不禁感叹古代工匠们的奇思妙想和精湛技艺。

建于五代时期的南京栖霞寺舍利塔整体造型和谐，装饰精致，其三级须弥座上刻有花朵、动物等图案，须弥座上承五层塔身，第一层

修定寺塔塔身精美的浮雕

塔身的挑檐上刻有飞天形象，灵动、飘逸、舒展。从第二层起高度逐层递减，塔身每面都设有小型佛龛，内刻浮雕坐佛。

建于明嘉靖年间的万寿宝塔通身以砖、石砌筑而成，塔身中空，外壁镶嵌着 94 座佛龛，龛内设有汉白玉雕佛像，姿态庄重，神韵生动，体现了古代工匠们高超的艺术手法。万寿宝塔塔身每层都设有塔门，最底层的塔门上空高高悬挂一石匾，石匾上"万寿宝塔"四字工整端庄，遒劲有力。值得一提的是，万寿宝塔周围设有石头砌筑的护塔墙，古代很多文人都曾游览此地，他们惊叹于古塔优美的造型、威严的气势和精湛的工艺，便在石墙上留下了赞美古塔的诗句。

荆州万寿宝塔日落风光

青林依古塔，天人犹未分

古代的建筑师们在为佛塔选址的时候通常会优先考虑环境优美之地，尤其是到了明清时期，风水塔、文峰塔盛行一时，塔与佛教的联系似乎变得不那么紧密，其点缀自然环境的功能却越发突出。

我国地大物博，幅员辽阔，拥有各式各样的地貌景观，而不同的地理环境也影响了当地古塔的建造风格。在古代建筑师、工匠们的深度设计下，绝大部分古塔在与周围环境融为一体的同时，还能起到突出当地自然环境的某种特征的作用，产生一种无比和谐的视觉观感。

一些古塔建于山麓之上、峰峦之间，山麓、峰峦地势高，视野开阔，大都为环境清幽之地。建于山坡、高岗上的古塔能借助地势取得较深的构景层次，古塔本身也大多高耸挺拔、秀丽壮观。比如矗立于金山的西北峰的慈寿塔，塔高 30 多米，形如春笋，给人以挺拔、玲珑之感。著名的武陵寺塔位于陕西省的武陵山上，塔身高耸、壮观，与山景相得益彰。

满目青翠古塔幽：慈寿塔

　　高耸入云的山峰上常年云雾环绕，美景如画，四周环绕着巍峨绵延的群山，山脚下涛声阵阵，汹涌澎湃，尤其是在日出日落时分，阳光金灿，红霞似火，宛若仙境，古塔掩映在青山绿水之间，守望着一方天地，在时间静静流逝的过程中变得越发安宁静穆、雄浑古朴，别有韵味。此外，山林之间的四季风景变换，也为古塔环境增添了几分天然雕饰的美感，在不同时节的美景映衬下，古塔也散发出独特的气质和光彩。

　　在江河湖海旁也常常能够寻觅到古塔的身影，水的形态丰富多变，时而平缓沉静，时而湍急雄浑，修建在河岸、江岸或者海港码头

雪后的贺兰山拜寺口双塔

附近的古塔大多与水之形态相融合，造就一幅和谐美景。

"时有熏风至，西湖是酒床，醉翁潦倒立，一口吸西江。"始建于北宋年间的杭州雷峰塔位列于"西湖十景"之中，自重建之后，游人来往如织。雷峰塔外形挺拔俊秀，而西湖风光也赋予了其更出彩的美。尤其在每年的春季、夏季，一片绿意盎然之时，若站在湖对岸远远眺望，只见雷峰塔静静矗立于水杉林中，十分出尘、飘逸。

始建于明朝万历年间的广东德庆三元塔、安徽歙县长庆寺塔等，都是水滨古塔中不可多得的杰作。

临江而立的德庆三元塔

第三章

身落凡尘，心守净土：阅经典古塔神韵

在历史的长河中，古塔犹如迟暮的老人，历经岁月变迁、朝代更迭、人来人往，依然岿然不动，坦然面对自然洗礼，见证脚下大地的文化兴衰。

古塔是中国历史的见证者，也是中国建筑艺术的瑰宝，让我们游历祖国各地，去赏析中国经典古塔的风采与神韵。

鬼斧神工闻九州——西安大雁塔

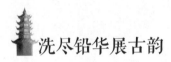 洗尽铅华展古韵

    西安大雁塔修建于唐朝时期，相传唐太宗时期，太子李治为感恩生母奏请修建慈恩寺。慈恩寺建成后，唐朝高僧玄奘在寺内主持寺务，并亲自督造大雁塔，以存放由天竺带回长安的经卷、佛像等佛教圣物。唐高宗时期，李治以皇帝身份御笔书写大慈恩寺碑记，慈恩寺改名大慈恩寺，大雁塔因此又名大慈恩寺塔。

    由于大慈恩寺由皇家下令修建，又由高僧玄奘担任法师、兴佛教，因此大慈恩寺成为中国佛教圣地，大雁塔也成为唐朝长安的重要佛塔，具有重要的佛教地位。

    大雁塔建成距今已经有1000多年的历史了，在如今的西安大慈恩寺内，大雁塔被浓郁古木簇拥着拔地而起，它既是唐朝长安城佛教建筑艺术的典范，也是如今西安的标志性建筑物，登临塔顶，西安风貌一览无余。

航拍大雁塔

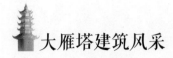

大雁塔建筑风采

大雁塔初建时为 5 层，后曾加盖至 9 层，后塔层数和高度几经变化，现存大雁塔为 7 层，通高 64.517 米。

大雁塔是中国现存最早、规模最大的唐四方形楼阁式砖塔，由塔基、塔身、塔刹三部分组成。

大雁塔的塔身线条呈直线、锥形，各层四面均设券门。如今我们看到的大雁塔为砖仿木结构，可登临远眺，具有典型的中原建筑特点，与最初仿西域窣堵坡形制、砖面土心、不可攀登的大雁塔有了很大的不同。这一变化，体现了中国古塔从由西方引入到完全中国化的历史演变过程。

雄伟的大雁塔

雁塔题名

　　大雁塔作为佛教建筑而闻名天下，大雁塔的诸多文人题词、题诗也成为其世代闻名的原因。

　　雁塔题名的风俗是从唐朝开始的，据说当时每逢科考结束之后，高中的学子都会游长安、登高抒怀。诗人白居易进士高中后，登大雁塔留下"慈恩塔下题名处，十七人中最少年"的诗句，诗圣杜甫曾约好友岑参、高适等人同登大雁塔，赋诗抒怀，留下诗句流传千古。

　　古长安历来文风浓郁，在之后虽历经朝代更迭，但文人登大雁塔观景抒怀的风俗却流传了下来。后世的文人们追慕唐代雁塔题名的韵事，登塔远眺、抒怀题诗。时至今天，登临大雁塔，依然能见到大雁塔中古人所题写篆刻的诗句，这些诗句记录了当时学子的豪情壮志和忧国忧民的情怀，更为大雁塔增添了不少人文气息。

钱塘江畔观江潮——杭州六和塔

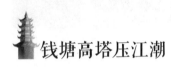
钱塘高塔压江潮

六和塔，始建于北宋，位于今钱塘江畔的月轮山腰上，建造初衷为镇压江潮之用。塔名"六和"取佛教"六和敬"（佛教六种规约）之意，有时也称"六合"，意指"天地四方"。

北宋开宝三年（970年），吴越王钱弘俶在钱塘江畔建九层高塔以镇江潮，此塔便是六和塔。六和塔建成之后，曾多次经历战火，屡毁屡建，现存六和塔从外观来看共有7层。

明清时期，皇帝都曾下令对六和塔进行大规模的修缮，清乾隆皇帝南巡时，曾登临六和塔并题匾、题诗。

如今的六和塔犹如一个意气风发的少年，以参天之势屹立在钱塘江畔，成为杭州一道亮丽的风景线。

六和塔秋色

六和塔云海

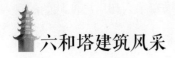 **六和塔建筑风采**

六和塔作为宋代古塔建筑遗存，从建立至今经历了多次大规模的修建。清光绪年间，对六和塔的檐廊进行了修缮，在建筑结构与外观上形成了 7 明 6 暗的独特构造（外二层为内一层，6 层封闭，7 层与塔外相通）。[①]

现存六和塔高 59.89 米，砖砌仿木结构塔身，木质外檐，平面呈八角形，共八面，7 明 6 暗共 13 层。

六和塔不仅建筑结构巧妙，外观设计也十分精巧。

从远处看，六和塔的塔身腰檐自下而上层层递减，塔身各层有外墙、回廊、内墙、方形塔室，外廊宽阔畅通，八角外形平稳大气，给人以庄重大气之感。

从近处看，六和塔的塔身砖雕内容丰富、技艺精良，砖雕近 200 方，[②] 六和塔的塔内亦有各种不同主题的建筑彩绘，塔内须弥座上雕有花卉、飞禽走兽、飞天等不同纹饰，这些建筑雕刻与绘画在中国古代建筑中处于非常高的艺术水平。

除了具有重要的建筑实物研究价值，与六和塔相关的诗词、书法作品也值得一提。

元朝诗人白廷玉曾登临六和塔，留下"烂烂沧海开，落落云气

① 胡强 . 华东线导游训练教程 [M]. 北京：旅游教育出版社，2017：161.
② 王魏 . 中国考古学大辞典 [M]. 上海：上海辞书出版社，2014：615.

悬。群峰可俯拾，背阅黄鹄骞"的诗句，描写了六和塔雄伟壮丽的身姿与风景。清乾隆时期，乾隆皇帝曾为六和塔每层题字，六和塔塔前"净宇江天"牌坊上的题字也出自乾隆皇帝之手。陈毅元帅、郭沫若先生也曾在六和塔留下脍炙人口的诗句。

庄严雄伟的六和塔

姿如铁剑刺云天——河南开封铁塔

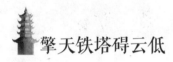

擎天铁塔碍云低

开封铁塔位于河南开封古城北门外，始建于北宋，有"天下第一塔"的美誉。

开封铁塔始建于宋太宗时期，又名福胜塔、灵感塔、开宝寺塔，建塔功用为供奉阿育王佛舍利，北宋仁宗皇祐元年（1049年）重建，元代起，民间称其为"铁塔"。

开封铁塔建成之后成为古城开封的重要标志性建筑，该塔在900多年的历史岁月中多次经历地震、大风、水患，也曾遭遇炮火侵害，但在后世各朝代的重建、修葺保护下仍巍然屹立，俨然成为古人坚强不屈、铮铮铁骨的象征。

从整体造型来看，开封铁塔塔形如笋，气势宏伟，高耸峻拔，犹

汴梁（开封古称）八景之"铁塔行云"

如擎天巨柱拔地而起,元代散曲家冯子振曾以"擎天一柱碍云低,破暗功同日月齐"来称赞开封铁塔。

开封铁塔建筑风采

开封铁塔高 55.88 米,塔身通砌褐色琉璃砖,用材昂贵、外观豪华,古塔周身混似铁铸,气质独特。

在建筑结构上,开封铁塔共建有 13 层,建筑平面呈八角形,塔身砌有飞天、麒麟、菩萨、狮子等图案的花纹砖,其中,狮子雕刻共16 只,栩栩如生、形态各异。[1]

开封铁塔的塔身各层设明窗(可打开)和盲窗(打不开),人们可登临铁塔,通过明窗远眺风景。塔身外轮廓线较直,上下比例协调,内外壁紧密衔接,结构坚固。

---

① 徐静茹.中国古塔[M].北京:中国商业出版社,2014:117.

铁塔建筑局部（一）

铁塔建筑局部（二）

三影摇曳脱凡尘——云南大理三塔

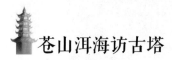苍山洱海访古塔

云南大理，自古便有"妙香国"的美誉，这里寺庙、古塔众多，其中以崇圣寺三塔，即大理三塔最为著名。

大理三塔由一个大塔和两个小塔组成，它们西对苍山、东对洱海，于大理的多彩山水间呈三足鼎立之态。

大理三塔中的大塔，名千寻塔，又名文笔塔，两个小塔以千寻塔为中线分布南北两侧，分别称南塔、北塔。千寻塔建于唐南诏国时期，南塔与北塔建于唐大理国时期。从建成至今，大理三塔屹立千年，为研究中国古塔、大理佛教与历史提供了宝贵的实物资料。

永镇山川

大理三塔，鼎足屹立

大理三塔建筑风采

大理三塔是典型的密檐式砖塔，内部中空，均无地宫。千寻塔和南北两小塔在外观和建筑结构上有所不同。

千寻塔外观呈方形，共 16 层，通高 69.13 米，一层层高较高（12.04 米），二层以上层高低矮（层高 66~110 厘米），塔身迭涩密檐，塔檐断面凹进呈"枭线"，塔顶为方形须弥座，承覆钵塔刹，整个塔身则呈弧形外轮廓线，中腰粗壮，敦厚坚实。

千寻塔地基坚固，再加上其整个塔身的建造结构与比例，使其能矗立在洱海的冲积平原上而千年不倒。

千寻塔的上层台基砖石混砌圭脚，束腰隐起问柱、壸门牙子。下层台基毛石砌，依地势而走，有青石栏板、望柱。地基用红黏土夯实，铺河卵石，再砌基础砖，为千寻塔打下了稳固的建塔基础。塔门前有一块巨石照壁，照壁上镌刻着四个苍劲有力的大字，即"永镇山川"，寓意水土平安、江山永固。

南北两小塔建筑平面呈八角形，为内部中空的十层塔砖，分别距千寻塔 70 米，相对而立，向千寻塔的方向倾斜。两塔的塔身塑砌莲花、斗棋平座，整个建筑风格不似千寻塔雄伟庄重，但多了几分轻盈和华丽。

千寻塔

几经风雨斜矗耸——江苏虎丘塔

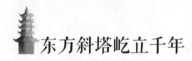
东方斜塔屹立千年

江苏虎丘塔坐落于苏州云岩寺内，因此又称云岩寺塔，该塔始建于五代后周，建成于北宋。

虎丘山，又称海涌山，位于苏州古城的西北方向，相传春秋时期吴王阖闾葬于此处后，山上现白虎，故而得名虎丘山。晋代时，虎丘山上建虎丘寺，后在唐时改名武丘报恩寺，宋时又重建并改名云岩寺，寺内修古塔，此塔便是虎丘塔。

巍然耸立在虎丘山郁郁葱葱的古树丛中的虎丘塔，相对于海拔较低、地形低平、以平原为主的苏州城来说，是非常显著的高层建筑。当人们行近苏州城时，还未见城，便能见塔，因此民间有"先见虎丘塔，后见苏州城"的说法，仅从高度上来说，虎丘塔便是苏州城不可忽视的标志性建筑物。

　　虎丘塔建在斜坡上，南高北低，塔基填土北多南少，随着时间的推移，虎丘塔塔身逐渐倾斜，因此虎丘塔有"中国第一斜塔""中国的比萨斜塔"之称。

"中国第一斜塔"——江苏虎丘塔

虎丘塔建筑风采

虎丘塔高 48.2 米，是一座 7 层、八角形、仿木结构的楼阁式砖塔，塔檐为木质。从建筑外观来看，虎丘塔塔身的木檐微微膨出，整个塔身呈现流畅的曲线轮廓，造型优美。

虎丘塔的建筑风格承袭唐宋，是早期仿木砖石塔的典范，在建筑外形上吸收了江南楼阁建筑特色，是后世了解五代时期建筑，尤其是石塔建筑风格和形制发展的重要实物。

虎丘塔的塔身结构包括三部分：外壁、退廊、塔心。塔壁外有各种砖制构件，如斗拱、圆柱、壶门、额枋等，塔檐角梁为木制，木骨连接转角并藏于砖体内。

近观虎丘塔建筑细节

千年古刹荡梵音——吉林灵光塔

古塔铁铃鸣山风

  吉林灵光塔是一座具有 1300 余年历史的古塔，灵光塔的古称现已无从查证，现用名称由清末长白府第一任知府张凤台命名。

  灵光塔坐落在吉林省长白镇西北，是唐朝渤海国的仿唐建筑。唐朝渤海国，是唐朝时期由东北地区的靺鞨等族所建立的地方民族政权。灵光塔正建立于渤海国时期，该塔仿唐建筑，充分体现了当时中原地区建筑艺术对边远地区建筑艺术的影响。

  灵光塔作为留存至今的重要古代建筑艺术，历经沧桑、阅尽岁月，几经修复，每逢山风吹来，塔上铁铃迎风皆鸣，似乎诉说着千年往事，令人心生感慨。

灵光塔

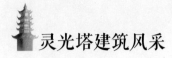

灵光塔建筑风采

灵光塔为密檐楼阁式砖塔，中空，共5层，高约20米，建筑平面为方形，由下向上层层递减，古塔庄严而不失灵气，代表了唐朝渤海国的古塔建筑水平，具有较高的观赏价值与文化价值。

灵光塔由地宫、塔身、塔刹组成。灵光塔的地宫在后来的修复过程中经评估确无保留价值，且为加固年久倾斜的古塔，已经被填埋。塔身黄泥作浆、磨砖对缝，似青砖楼阁；塔顶设有宝葫芦形状的铁刹；塔檐外展、层层缩小，檐角挂有铁铃，迎风而动，为古塔增添了几分灵气。

雷峰夕照看不足——杭州雷峰塔

千尺浮图兀倚空

　　站在西湖岸边，可以看到一座古塔掩映在湖光山色之中，夕阳西下，晚霞给古塔镀上一层金色的光晕，仿佛佛光普照一般，"雷峰夕照"由此得名，自南宋时起就是著名的"西湖十景"之一。雷峰塔自古以来都有很高的知名度，元代诗人尹廷高曾到访西湖，被雷峰塔之景所惊艳，写下"烟光山色淡溟蒙，千尺浮图兀倚空。湖上画船归欲尽，孤峰犹带夕阳红"的赞美诗句。

　　在浙江省杭州市西湖南岸，有一座夕照山，雷峰塔就坐落在此山上。雷峰塔于975年创建，当时的吴越王钱弘俶为了庆祝宠妃黄氏产子而建此塔，因此古人常称其为"黄妃塔"，又因此塔地处当时的西关外而得名"西关砖塔"。据《临安府志》记载，夕照山上曾有一雷姓居士建庵修行，故当地人称夕照山为"雷峰"，建于夕照山上的古塔便被称为"雷峰塔"。雷峰塔之所以名震天下，还因为民间传说《白蛇传》的广为流传。故事中白娘子为了与她的爱人相守，与法海斗法，最终被镇压在雷峰塔下修行。

南宋乾道七年（1171 年），僧人智有重修此塔，并将原来的八角七层改为八角五层。

嘉靖年间（1522—1566 年），雷峰塔曾遭火焚，明末清初时期，雷峰塔的塔砖又屡遭盗挖，最终于 1924 年倒塌。现在我们看到的雷峰塔为新修建的塔。

雷峰夕照美景

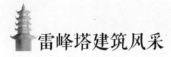

雷峰塔建筑风采

雷峰塔最初建成时采用的是八角七层楼阁式造型，从诗句"千尺浮图兀倚空"中可以想见古塔当时挺拔雄伟的姿态。

如今屹立在西湖之畔的是 2002 年重建完成的新塔，新塔由台基、塔身、塔刹组成，总高约 71 米。底部的台基呈平面八角形，台基外围使用汉白玉栏杆环绕。塔身共 5 层，采用平面八角楼阁式造

雷峰（新）塔美景如画

型。塔身转角处安置铜斗拱，塔檐翘角处悬挂铜铃，塔身各面设门，门外设廊和栏杆，游客可登高凭栏眺望，俯瞰西湖全景。

雷峰新塔的建造在材质上使用现代更加坚固的钢桁结构，在空间上满足现代游客的游览需求，整体巍峨雄伟，造型坚固而不失古韵，浑厚而不失秀气。

巧夺天工创奇迹——山西应县木塔

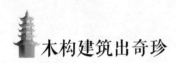

木构建筑出奇珍

在距离山西省大同市南约 70 公里的朔州应县的西北佛宫寺内，坐落着一座辽清宁二年（1056 年）修建的木塔，该塔原名佛宫寺释迦塔，供奉释迦牟尼灵牙舍利，由于其塔全部采用木质结构建成，因此俗称应县木塔。

早期著名的佛塔中，木质结构的塔不在少数，唐宋时期也修建过很多木塔，但大多已被毁。应县木塔是我国现存的唯一的纯木构佛塔，在世界现存的纯木构高塔中也是最高大、距今时间最久远的。

应县木塔及其所在寺院几经浮沉，明成祖朱棣和明武宗朱厚照都曾登过此塔，并分别题匾额"峻极神功"与"天下奇观"，"天

精妙绝伦的应县木塔

下奇观"的匾额现在仍悬挂在木塔上。明清以后，寺院规模逐渐缩小，古时所建大殿等建筑相继被毁，只有寺内木塔遗世独存。

 **应县木塔建筑风采**

应县木塔高 67.31 米，是一座八角五层六檐楼阁式塔。塔分为基座、塔身和塔刹三部分。底层基座使用砖石砌筑而成，高 4.4 米，共包含两层，底层呈方形，高层呈八角形。塔身从外观看共五层，塔内每两层之间设置一暗层，所以内里实际为九层。塔的第一层南面辟门，从第二层往上采用斗拱挑出平座，外围架设栏杆，供游客登高眺望。塔身结构严谨，塔内斗拱依照部位、形状、用途的不同而采用不同形式的结构，共多达 54 种，可见古塔建造之精细。塔刹位于顶部，由仰莲、覆钵、相轮、仰月及宝珠等构成。整座宝塔高大雄伟，体量大而不臃肿，巍巍然而不失飘逸。[①]

整体来说，应县木塔的建筑结构设计得十分合理，塔内各层的建筑构件之间比例和谐，斗拱、椽口尺寸统一，梁柱稳固，每个构件都以精美复杂的形态重复展现在人们面前，给人以强烈的视觉冲击力和美的和谐感受。且建筑结构精巧更增加了塔的稳固性，应县木塔从建

① 程鹏.中国古塔大观[M].合肥：合肥工业大学出版社，2015：100.

成至今已经九百多年，历经风霜雨雪侵蚀，多次强烈地震波及于此，但木塔依然傲然挺立、岿然不倒，体现了我国古代匠人高超、精湛的建筑工艺水平。

应县木塔塔身细节

万里长江第一塔——安徽安庆振风塔

安庆古塔引千帆

　　振风塔位于安徽省安庆市，坐落于沿江东路北侧的迎江寺内。迎江寺始建于宋朝时期，振风塔建于明隆庆四年（1570年）。振风塔建立之初名为万佛塔，又叫迎江寺塔，后改名"振风塔"，取"以振文风"之意。

　　振风塔位于长江在安庆地段的转折处，特殊的地理位置使得振风塔成为过往船只的方向标，夜晚来临时，塔的各层灯光亮起，为夜间船只指引方向。几百年来，振风塔临江屹立，为无数船只引路导航，被誉为"万里长江第一塔"。

位于长江之滨的振风塔

振风塔建筑风采

振风塔高约 60 米，以砖石砌筑，采用八角七层楼阁式造型，自底向顶逐层缩小，整体呈圆锥形。

该塔使用须弥座式台基，塔身南面辟门，一层塔心供奉"西方接引阿弥陀佛"，二层供奉"弥勒佛"，三层供奉"五方五佛"，除此之外塔内还有六百多尊砖雕佛像。塔内 168 级台阶从一层盘旋上升，直达塔顶。振风塔的门设计得十分巧妙，从第二层开始，每层八面各设门，其中六门连通塔心内室，余下两门为 168 级台阶的出入口，每层的台阶出入口位置不定，置身其中，仿若进入迷宫一般，从各门进出所见景色亦有不同，充满趣味。塔身顶部采用八角攒尖式塔顶。塔刹由八角形须弥座、覆钵、球状相轮等组成。

整座古塔的造型和结构借鉴了历代佛塔的建造工艺，融合了古代佛塔建筑的各项优点，设计精巧，造型优美，简洁庄重，具有很高的艺术价值和研究价值。

振风塔

第四章

遗世独立，风韵独秀：赏中国古塔之绝美

中国古塔历经千年，在发展过程中与不同朝代、不同民族的建筑风格相融合，逐渐形成了繁复多样、造型各异的塔，有高余80米的超高古塔，有精雕细刻、华美瑰丽的琉璃塔和花塔，还有融合他国建筑艺术的金刚宝座塔等。

　　这些塔体现了不同时期、不同地域的古塔建筑特点，体现了中国工匠建塔技艺之纯熟，在中国古塔建筑艺术史上占有重要地位。

冲破云霄的超高古塔

　　塔是中国古代典型的高层建筑，这些高塔或建于佛寺之中，或立于山间湖畔，与周围的楼阁、山水相映生辉，是中国古人礼佛、登高的常顾之所。

　　中国古塔的高度随着时间的推移、建塔技术的成熟而不断增高，到明清时期甚至出现了 80 多米高的塔，这些塔见证过金戈铁马，经历过战火纷飞，看过一座城的繁华与苍凉……光影流转，物是人非，只有高塔依旧屹立在这片古老的大地上。

陕西泾阳崇文塔

陕西泾阳崇文塔于明万历十九年（1591 年）开始修建，万历三十六年（1608 年）建成，共耗时 17 年。

崇文塔高 87.218 米，共 13 层，是中国最高的砖塔，也是保存最好的砖塔之一。

崇文塔是楼阁式砖塔，用青砖砌成，呈八角形，是根据八卦悬顶的理念设计的。塔的南门上刻着"崇文宝塔"四个字。塔内有砖砌的台阶，可至塔顶，塔的最高层是城堡式塔垛，可供人登塔远眺，赏泾阳美景。

山西汾阳文峰塔

山西汾阳文峰塔建于清康熙年间，共有 13 层，修缮后有 84.97 米。文峰塔为砖塔，塔身由青砖筑成。塔座是条石筑成的须弥座，上面刻有竹节、卷草等图案。

文峰塔的外廓呈平面八角形，室内呈平面方形。外廓塔壁和内室塔壁形成了一个套筒式的结构。塔中的阶梯设在塔外壁和塔室之间，

陕西泾阳崇文塔

逆时针向上。每层塔室都设有十字形的通道，通道外是拱券窗，塔顶是攒尖式的，全塔共有斗拱 512 攒。

山西汾阳文峰塔

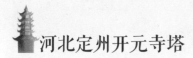

河北定州开元寺塔

开元寺塔于宋仁宗至和二年（1055 年）建成，塔高 83.7 米，有
11 层，为砖木结构，是中国现存最高的砖木结构古塔，有"中华第
一塔"之称。因定州地处辽宋双方的边界之处，所以此塔也被用来瞭
望敌情，故而又名"瞭敌塔"。

开元寺塔为八角形楼阁式建筑，塔内回廊顶部的天花斗拱被梁思
成先生评价为"宋式天花之佳作"。

河北定州开元寺塔

河北定州开元寺塔夜景

绚丽精致的琉璃塔

琉璃是中国古代重要的装饰品，也是佛教七宝之一。琉璃塔是用琉璃装饰而成的塔，塔身精美，远观流光溢彩，是我国古塔建造中的瑰宝。

明清时期是中国琉璃塔发展的巅峰时期，这一时期的琉璃塔采用多种琉璃装饰，颜色鲜艳，美轮美奂。

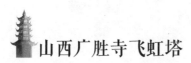

山西广胜寺飞虹塔

山西广胜寺琉璃塔也称飞虹塔，是我国历史最悠久、最高的琉璃塔，有"中国第一琉璃塔"之称。

广胜寺位于山西省洪洞县，由上寺、下寺和水神庙组成，飞虹塔位于上寺。

飞虹塔建成于明嘉靖六年（1527 年），为楼阁式塔，通高 47.31 米，共有 13 层。台基为八角形，塔身由砖石砌成，塔顶为十字歇山顶式。塔底建有回廊，底层塔心内有一琉璃藻井。塔内有阶梯，可攀登上塔顶。

飞虹塔的塔身用黄、绿、褐、黑等多种琉璃装饰而成，每一层都有不同的纹饰，花卉、楼阁、佛像等各不相同，造型精美。二层以上的塔身外部镶嵌着琉璃仿木构件，檐下有琉璃花罩和垂莲柱。

2018 年，飞虹塔被世界纪录认证机构认证为"世界最高的多彩琉璃塔"，载入世界纪录大全史册。

飞虹塔塔身佛像

山西广胜寺飞虹塔

飞虹塔塔名的由来

飞虹塔建造历史悠久，却几经波折。飞虹塔原名为阿育王塔，建于东汉，却因年久失修而坍塌。唐朝时重建为琉璃塔，元朝时毁于地震。明正德十年（1515年），高僧达连组织重建飞虹塔，嘉靖六年（1527年）正式建成。因达连法号飞虹，此塔便改名为飞虹塔。

北京昭庙琉璃塔

清乾隆年间，六世班禅准备进京参加乾隆的七十大寿，乾隆下令在香山静宜园建造宗镜大昭之庙（简称昭庙），作为六世班禅在北京的休憩之所。

琉璃塔建于昭庙内，塔高40米，建在八角形台基之上，台基四周围有白石栏杆。台基正中有一八角回廊，回廊内壁上有彩绘的佛像，回廊屋檐是黄琉璃瓦绿剪边的样式。

回廊之上建有八角须弥座，同样用白石栏杆围着。须弥座之上就是塔身，共有 7 层。每层塔皆有八面，用绿色琉璃砖砌成，额枋和转角柱则是用黄琉璃砖砌成的。每层的塔檐是黄琉璃瓦剪边的瓦饰，塔顶为攒尖式，顶上有一黄琉璃大宝珠。

昭庙琉璃塔在外形上与楼阁式塔相似，但其并无内室，不可攀登。整座塔皆用琉璃制成，色彩鲜艳，远远望去，极为华丽。

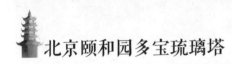

北京颐和园多宝琉璃塔

多宝琉璃塔也称多宝佛塔，位于北京颐和园内，建于清乾隆十六年（1751 年），是乾隆为太后庆祝六十大寿而建的塔。

多宝琉璃塔高 16 米，共有 7 层，不可攀登。整座塔由黄、绿、青、蓝、紫五色琉璃砖镶嵌而成。塔身的主体颜色为黄色，但每一层的转角柱和塔檐都有不一样的颜色，第一层的转角柱为黄色，第二层为紫色，第三层为蓝色……第一层塔檐为黄色，第二层为绿色，第三层为紫色……虽然颜色各异，但丝毫不显凌乱，反而更能凸显琉璃塔绚丽多彩的特点。

多宝琉璃塔建成后，乾隆帝写下了《御制万寿山多宝佛塔颂》，并将其刻在塔前的石碑上。

北京香山昭庙琉璃塔

北京多宝琉璃塔

美且珍贵的花塔

花塔是佛塔的一种，因外形像花束而得名。花塔主要流行于宋辽时期，多建在华北地区。花塔流行时间较短，数量不多，但造型精美，具有鲜明的艺术风格。

花塔本身数量稀少，一些花塔被战争或自然灾害损毁，留存至今的寥寥无几，其中较为著名的有河北广惠寺花塔和北京万佛堂花塔。

河北正定广惠寺花塔

广惠寺花塔始建于唐朝，宋、辽时期都对其有过修缮。花塔的布局较为特别，由一座主塔和四座小塔共同组成。

　　主塔为八角形楼阁式建筑，高 31.5 米，共有 4 层，每层檐下都有一砖枋木质斗拱。塔顶为圆锥状，以斗拱支撑。

　　塔底四面设有圆拱门，与回廊相接，可通入小塔。小塔设于主塔的四面，为六边形亭状塔。

　　塔的第四层是整座塔的精华，塔身四周刻有多种雕像，佛、菩萨、狮子、大象等精雕细刻、栩栩如生，具有极高的艺术价值，也使得整座塔显得富丽华美。

北京万佛堂花塔

　　万佛堂花塔建于辽咸雍六年（1070 年），位于万佛堂西北侧的山上，是八角形的单层亭阁式建筑，高约 28 米，共 9 层。

　　花塔由青砖砌成，塔顶为八角形小阁式的塔刹，顶上有一宝珠。底座为八角形双层须弥座塔基，第一层须弥座雕刻着雄狮，第二层刻有乐师和舞者。

　　塔身呈笋状，第一层塔的四面设有券门，但只有通过南门可进入塔心室，其余三个门为假门，塔的四个斜面上设有直棂窗。

　　第二层塔身较短，是密檐式塔的样式。第二层以上每层都由若干佛龛组成，佛龛之间有繁复的纹饰。塔身上部用层层花瓣组成了一朵莲花，花瓣上刻有佛龛，佛龛中刻有文殊菩萨和普贤菩萨。

河北正定广惠寺花塔

气势恢宏的金刚宝座塔

金刚宝座塔的建筑形式起源于印度，由方形塔座和上部的五座塔共同构成。中国的金刚宝座塔既具有印度的建筑风格，也融入了中国古建筑的特点，是中国古建筑文化与印度建筑文化相融合的产物。

中国现存的金刚宝座塔数量不多，大多分布在北方地区，北京真觉寺和内蒙古慈灯寺的金刚宝座塔保存完整、雕刻精巧，是中国金刚宝座塔中的代表之作。

 北京真觉寺金刚宝座塔

北京真觉寺金刚宝座塔建成于明成化九年（1473 年），是按照印度佛陀迦耶精舍建造的。

金刚宝座塔由塔座及塔座上的五座塔构成，塔由砖砌成，外部包着汉白玉石。塔基呈方形，四周雕刻着纹饰。塔基上是金刚宝座的座身，座身共有五层，每层都有石制短檐，檐下刻有佛龛，龛内有佛像，佛龛之间有石柱相隔。

宝座的南北两面建有券门，可进入塔室。南券门上有一块匾额，匾额上写着"敕建金刚宝座、大明成化九年十一月初二日造"。

宝座上有一大四小共五座方形密檐式石塔，中央的大塔高约8米，共13层，四座小塔分布在宝座的四角，高约7米，共11层。五座塔下建有须弥座，上面刻着佛龛和佛像。塔顶为覆钵体塔刹，由仰轮、华盖、宝珠等部件组成，中间的塔刹为铜制，其余塔刹为石制。

塔座内为回廊式塔室，室内有石阶，可通到塔顶。中塔的正南方有一玻璃罩亭，亭内为石阶的出口，罩亭上写着"蟠龙藻井"。

真觉寺金刚宝座塔是我国现存的建筑年代最早的金刚宝座式塔，是中外建筑形式结合的典范。

内蒙古慈灯寺金刚宝座塔

慈灯寺金刚宝座塔位于内蒙古呼和浩特市，建于清雍正年间。

慈灯寺金刚宝座塔用砖石砌成，塔座呈方形，塔身镶嵌着琉璃

北京真觉寺金刚宝座塔

砖，边缘和转角处用白色条石做装饰，整座塔色彩搭配和谐统一。

塔座建在高约 1 米的台基上，塔座共有 7 层，每层塔座都有短挑檐，第一层塔座上刻着用蒙语、藏语、梵语三种语言写的金刚文，第二层到第七层刻着 1000 多座鎏金佛像。

塔座南面设有拱门，拱门两侧刻着四大天王像，门上有一汉白玉石的牌匾，牌匾上用蒙、藏、汉三种语言写着"金刚座舍利宝塔"。

塔室内有楼梯通往塔座顶部，出口处设有一座方形攒尖亭，亭北是五座方形舍利塔。大塔为 7 层，小塔为 5 层，塔身都有佛像、菩萨等雕刻。

内蒙古慈灯寺金刚宝座塔

精巧别致的仿古塔

仿古塔是指一些塔在建造时借鉴了前代古塔的建筑形式，具有前代古塔的建筑特点。这些塔融合了前代古塔的建筑特点与当下塔的建筑特点，展现出别具一格的风采。

在诸多仿古塔中，仿唐制和仿辽制的塔较为常见，如河南陕州宝轮塔是金仿唐制，山西大同圆觉寺塔为金仿辽制。

河南陕州宝轮寺塔

宝轮寺塔位于河南陕州，始建于隋仁寿元年（601年），原为木塔。金大定十七年（1177年）由僧人智秀组织重建，建为砖塔。因塔内回声像蛤蟆的叫声也被人称作"蛤蟆塔"。

宝轮寺塔在外形上仿照唐塔，内部结构的建造上借鉴了宋塔的建造方法，将唐宋时期密檐式塔和楼阁式塔的建筑特点和建造方法融合在了一起，具有极高的研究价值。

河南陕州宝轮寺塔

重建后的宝轮寺塔为密檐式砖塔，共有 13 层，塔高 26.5 米。塔身呈抛物线状，每层都建有半圆形拱券门。塔室内设有方形小室，室壁上有凹砌的脚蹬，可以由此进入上层塔室。10 层以上为实心塔，不可攀登。

 # 山西大同圆觉寺塔

圆觉寺塔位于山西大同浑源县，是大同市内现存的唯一一座密檐式塔。圆觉寺塔建于金正隆三年（1158 年），具有明显的辽塔的建筑风格，塔身呈圆锥形，塔座较高，整座塔上尖下直。

圆觉寺塔为砖塔，平面呈八角形，是仿木结构的古塔建筑。塔座高约 4 米，上面有两道堂门式束腰，塔座上刻有浮雕。

塔身共有 9 层，从第二层开始都不可攀登。每一层的檐角都挂有风铃，风吹铃动，清脆悦耳。

第一层南面设有一门，可进入塔室，其余三面设有假门。塔室内有佛像，四壁有彩绘。

塔顶为莲花式铁刹，铁刹顶端设有一凤鸟，可随风转动，甚是精巧。

山西圆觉寺塔

第五章

佛光塔影，禅意浓浓：穿寺绕径游塔林

墓塔是得道高僧圆寂后的安葬之处，随着墓塔数量的增多逐渐形成塔林。

　　我国塔林遍布全国各地，著名的塔林有山东灵岩寺塔林、宁夏一百零八塔、山西栖岩寺塔林、北京潭柘寺塔林和北京银山塔林等，各塔林独具特色，各守一方，与青山古木百鸟为邻，在岁月变迁中书写着高僧的生平事迹，为后人留下珍贵的精神财富。

山东灵岩寺塔林

在山东省济南市长清区泰山西北麓，坐落着一所古色古香的寺院，这就是当地著名的灵岩寺，灵岩寺塔林就位于灵岩寺内。

灵岩寺的历史可追溯到东晋年间，距今已有上千年。灵岩寺兴于北魏，盛于唐宋，自唐代起就是"四大名刹"之一。相传印度僧人朗公来此讲经说法时，猛兽伏地不起，石头跟着点头，因此得名"灵岩"。灵岩寺内高僧云集，因此墓塔数量众多，自唐到清的墓塔多达167座，形成塔林，蔚为壮观。

塔林位于灵岩寺西侧，各个墓塔创建时间不同，整座塔林跨越时间长久，墓塔不仅类型丰富，造型优美，且富有时代特色。

塔林中有一座墓塔位置突出，那就是最早建于唐朝的慧崇禅师塔。这座墓塔不仅体量最大，造型也与其他墓塔不同。慧崇禅师塔呈方形，采用唐朝时期典型的单层重檐亭阁造型，由塔座、塔身和塔刹等构成，全部用石砌成，总高 5.3 米。[1] 塔座为须弥座，位于底部。座上塔身呈四方形，塔身正面开门，其余三面均刻假门。塔室为 2.2 米 × 2.2 米的方形，顶部为四角攒尖式塔顶。[2] 墓塔顶部的塔刹由石板叠涩砌成的基座、仰莲和宝珠等构成。整座墓塔造型庄重，塔身刻有狮首、力士等形象，体现了唐朝时期的建筑艺术风格特点。

慧崇禅师塔单独位于上层台地，其余墓塔位于下层。下层墓塔大多建于元、明、清时期，各墓塔形态各异，线条秀丽，依造型可分为

灵岩寺慧崇禅师塔

① 罗哲文 . 中国古塔 [M]. 北京：中国青年出版社，1985：225.
② 罗哲文 . 中国古塔 [M]. 北京：中国青年出版社，1985：225.

钟形塔、方碑形塔、瓶形塔、喇嘛塔、经幢形塔等，其中钟形塔居多。钟形塔的塔身造型类似寺院中悬挂的大铁钟，由须弥座式基座、塔身及塔刹构成。宝瓶是佛家八宝之一，瓶形塔的塔身即按照宝瓶形态建造，十分稀有。

　　不同于其他塔林将小块塔铭嵌在塔身，灵岩寺塔林中有 81 块志铭碑刻位于墓塔前方。

灵岩寺塔林

宁夏一百零八塔

宁夏一百零八塔位于宁夏回族自治区青铜峡市峡口山坡上，塔林中共有一百零八座塔，因此而得名。一般的墓塔排列并无规则，此处墓塔则不同，墓塔依山势而建，排列成 12 行，从上到下每行的墓塔座数分别为 1、3、3、5、5、7、9、11、13、15、17、19，总体呈三角形，气势恢宏。

所有墓塔均为实心砖塔，外表涂有一层白灰。第一排的墓塔体量最大，高 3.5 米，造型简洁，底部为方形塔基，中部为覆钵形塔身，地理位置也最高，远远望去，好似一位统帅，指挥着它的三角形军阵，守护着根据地。从第二排开始墓塔体量逐渐变小，高 2.5 米左右[①]，下部为八角形须弥座，中部塔身形态各异：第 2 至 4 行墓塔塔身为八角形鼓腹尖锥形，5 至 6 行为葫芦形，7 至 12 行呈宝瓶形。

① 　徐静茹.中国古塔 [M].北京：中国商业出版社，2014：168.

宁夏一百零八塔布局

宁夏一百零八塔塔林

墓塔顶部塔刹冠以宝珠，塔身无铭文。

关于一百零八塔的建造年代并没有详细记载，专家根据塔体造型以及结构的分析推断一百零八塔大概建于元明时期。[①]

关于一百零八塔的布局形式还有一些传说，其中一种说法是一百零八塔是灶君为了解决水害问题，率领全家子孙（共一百零八个）凿石开道，最终累死在青铜峡谷，后人为了纪念和歌颂其功绩，修建了塔林。还有一种说法是建造塔群的目的是测量水位，通过水没过塔群的层次可以直观地测量水情。

至于一百零八塔为何采用这种特殊的布局方式，以及它的数量代表什么含义我们已经无从得知。也有人认为佛家数珠的颗数、敲钟的次数也常采用一百零八这个数字，故而这里的古塔数量遵循了这一传统，也设一百零八座。

---

① 夏志峰，张斌远.中国古塔[M].杭州：浙江人民出版社，1996：256.

山西栖岩寺塔林

　　山西有多处塔林，塔林中墓塔数量通常为几座或几十座，栖岩寺塔林因其包含墓塔数量较多且价值较高而闻名。

　　在山西省永济市西南中条山巅矗立着一座建于南北朝时期的古寺，名为栖岩寺。该寺最初名为灵居寺，隋仁寿元年（601年）改名栖岩寺，同年文帝杨坚六十大寿时决定在全国选30个州同时建塔供奉舍利，栖岩寺便在此时建塔。

　　栖岩寺在隋唐时期最为兴盛，宋朝时经过多次修葺。该寺全盛时期规模宏大，在山顶、山腰、山麓分别建有上寺、中寺和下寺。抗日战争时期寺院被炮火摧毁，如今只剩塔林留存。

　　塔林中原有塔160余座，如今只剩下26座，其中3座分别建于唐、五代、宋，两座建于元，剩下21座建于明清，所有的塔均采用砖石筑成。

现存唐塔为大禅师塔，建于唐玄宗天宝十三年（754年）。该塔高约8米，基座很大，高约4米[①]，占全塔一半。塔身采用圆形实心的亭阁式造型，塔身南面设有一假门，门扇以及抱框上刻有多种图案，图案形象生动，雕刻线条流畅，体现了高超的雕刻技法。塔身北面镶有塔铭。这种建于唐朝的圆形亭阁式砖塔实物在全国也很少见，只有山西省留存了数座，而位于栖岩寺塔林的唐塔是这几座中年代最早的一座，造型也十分精美，实属难得。

五代的墓塔建于后唐庄宗同光三年（925年），高3.5米[②]。基座采用八角形须弥座，座上雕刻图案丰富，技法精炼。塔身南面设有一门，内为塔室。门两旁各雕刻一金刚像，塔身侧面雕刻经文。塔体量不大，但塔的结构严谨，雕刻精细。

宋塔为舍利塔，高约17米[③]，采用六角形五层密檐式造型。该塔第一层塔身较高，南面设拱券式门，塔檐下仿木质结构建筑使用砖雕刻出斗拱、飞椽。二层以上塔檐采用叠涩技法层层挑出，整体使用砖石砌筑，稳重而整齐，无其他装饰。

塔林中的两座元塔高约6米[④]，造型相同，均为六角形二层亭阁式塔。塔的下部基座为六角形须弥座，塔身为六角形亭阁，刻有假门和窗，塔檐下雕刻出仿木结构斗拱，造型协调简洁。

明清塔数量居多，由于自然环境的改变，多数塔的第一层已经被

———————————

① 程鹏.中国古塔大观[M].合肥：合肥工业大学出版社，2015：226.
② 程鹏.中国古塔大观[M].合肥：合肥工业大学出版社，2015：226.
③ 罗哲文.中国古塔[M].北京：中国青年出版社，1985：145.
④ 程鹏.中国古塔大观[M].合肥：合肥工业大学出版社，2015：226.

土掩埋。明清塔的造型多为六角形，少数为方形或圆形。塔的层数不定，少则一层，多则五层。塔檐下一般都有斗拱，塔顶多为六角攒尖顶，塔顶之上为受花、塔刹。

栖岩寺塔林

北京潭柘寺塔林

潭柘寺位于北京市门头沟区东南部的潭柘山麓，相传始建于西晋永嘉元年（307年），最初名为"嘉福寺"，清朝康熙皇帝赐名"岫云寺"，后被当地居民称为"潭柘寺"。

潭柘寺塔林就位于潭柘寺山门外南山坡上，塔林内共有78座墓塔，是北京现存最大的塔林。墓塔的建造时期跨越辽、金、明、清等多个朝代，造型多样，如方形单层浮层屠式塔、密檐式砖塔等。

下塔院的中心是广慧通理禅师塔，塔高九层，是塔林中最高的墓塔。该塔造型为密檐式实心砖塔，塔前有宽大的石桌为供奉时用。

下塔院中还有一座建于元代的妙严大师砖塔。这座六角形五层密檐式塔由六角形须弥座、塔身、塔刹构成。须弥座的束腰部分装饰有砖雕兽头图案，塔身各面均刻假门假窗，塔铭镶嵌在正面门楣上方。墓塔顶部为塔刹。

妙严大师为元世祖忽必烈的女儿，相传她在潭柘寺出家修行时，每日都到观音殿中跪拜诵经，时间久了大殿内的一块方砖竟被磨出两个深深的脚窝。这块"拜砖"如今依然被供奉在观音殿内，成为潭柘寺珍藏的历史文物。

潭柘寺塔林周围树木苍翠，郁郁葱葱，格外幽静，充满历史感。塔林中各墓塔形态各异，其上雕刻精美，造型稳重肃穆，是北京地区保存最完好的一处古墓塔群，为我们研究古代造塔建筑艺术提供了丰富的实物资料。

潭柘寺塔林

北京银山塔林

在北京市昌平区海子村西南银山南麓有一座废弃的寺院，该寺乃是古延寿寺遗址，银山塔林就位于该遗址上。银山塔林原名"铁壁银山"，因为此处山体颜色铁黑，悬崖陡峭像墙壁一样，大雪过后山呈银色而得名。银山塔林的塔身高大雄伟，建造年份也相对较早，因此有很大的研究价值。

在辽、金时期，佛教兴盛，建造了大量寺院，相传仅银山一带山上山下就有 70 多座寺院庵堂，延寿寺是其中最大的一座，该寺的高僧和居士终老之后，其灵骨就安葬于银山塔林。该塔林在明清时期乃是著名的"燕平八景"之一。

燕平八景

北京市昌平区在历史上曾名为燕平县，燕平八景指的就是当地著名的八处风物景观，除了"铁壁银山"，其他七景分别为"松盖长青""天峰拔萃""石洞仙踪""虎峪辉金""龙泉喷玉""安济春流""居庸霁雪"，这八处风景代表着燕平最奇丽、壮观的景致。

塔林中现存比较集中的有 7 座墓塔，塔的造型各异，大小也各不相同，均采用砖、砖石或块石筑成。其中 5 座建于辽金时期，2 座建于元代。

五座辽金塔以金刚宝座方位布局，与其他地区的墓塔相比，这几座墓塔体形高大，更似佛塔。位于中心位置的是佑国佛觉大禅师塔，该塔高约 20 米[①]，共 13 层，造型为八角砖构密檐式塔。

佑国佛觉大禅师塔的底座和塔身一层十分高大。底部为八角须弥座，共分 5 层，最底层使用砖石叠涩收起，二层各面均开佛龛，三

① 程鹏.中国古塔大观[M].合肥:合肥工业大学出版社,2015:223.

银山塔林

层每面作仿木斗拱，最高两层各面内嵌砖雕，砖雕花样繁复，精致细腻。须弥座上采用浮雕技法刻出三层仰莲，莲瓣交错相叠。

佑国佛觉大禅师塔的塔身共 13 层，一层最高大，门呈拱券结构，窗呈方形。额枋雕刻出下垂的如意，枋上置斗拱挑檐。塔身其余各层塔檐密集相叠。

辽金塔中的其余 4 座塔分别为晦堂佑国佛觉大禅师塔、故懿行大师塔、圆通大禅师善公灵塔以及故虚静禅师实公灵塔，四座塔的体量小于主塔，北面两座形制为平面八角十三层砖构密檐式，南面两座形制为六角七层砖构密檐式。

另外两座元代塔相较于辽金塔体量更小，一个造型为密檐式塔，另一个造型为密檐式与覆钵式相结合的塔。

北京银山塔林的墓塔装饰富丽，高大挺拔，体现了一种刚健雄壮的气魄，是研究北京地区古塔建筑艺术的重要素材。

群山环绕的银山塔林

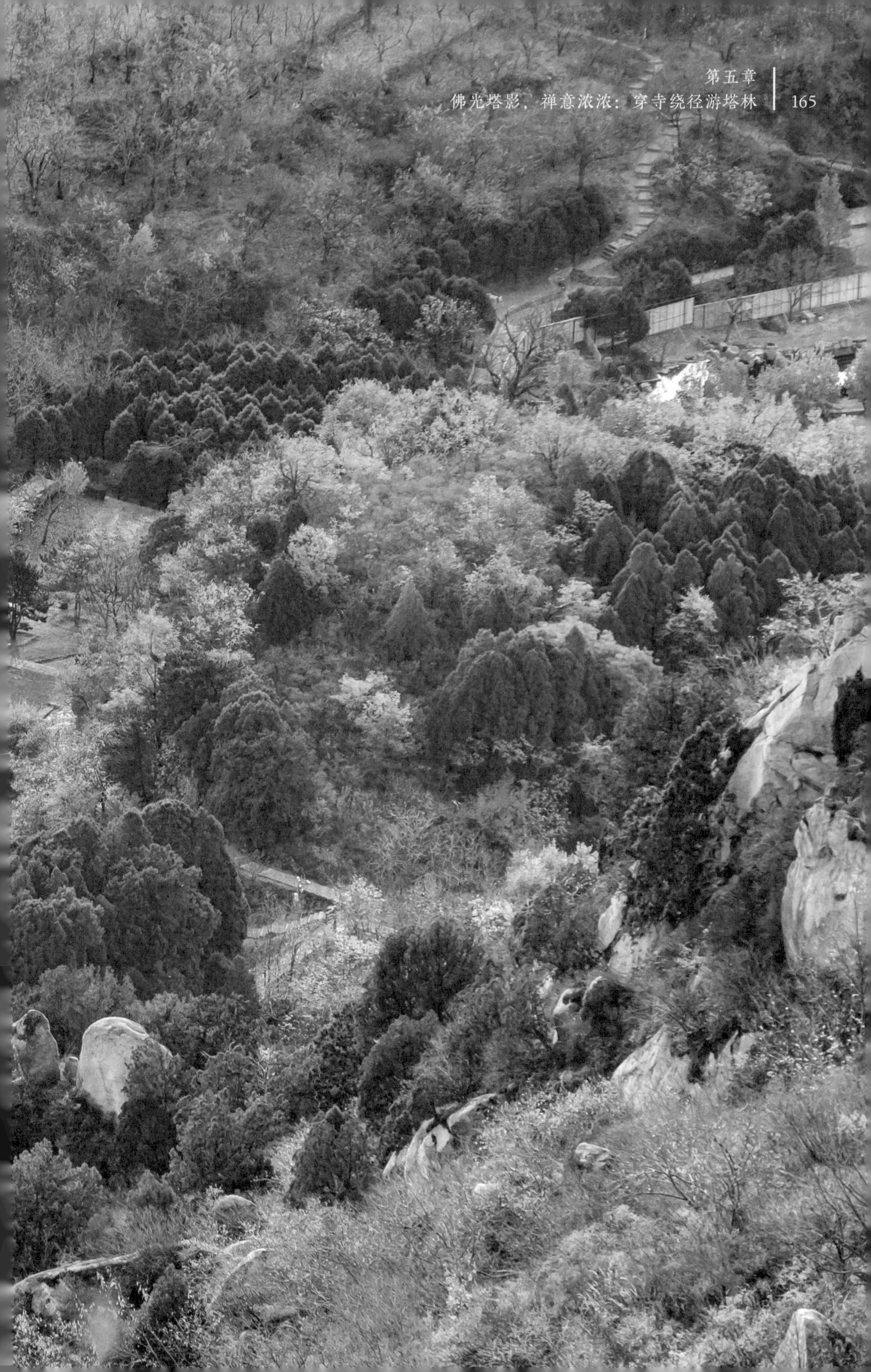

贵州弘福寺塔林

弘福寺位于贵州省贵阳市西北郊的黔灵山上，建于清朝康熙十一年（1672年），由赤松和尚开创，有"贵州首刹"的美称。

相传当年赤松和尚初建弘福寺时只有一间茅草屋，后来在当地官府与居民的支持与帮助下建成了僧寮、大雄宝殿以及山门，寺院收集佛教经典，吸引越来越多的僧人入寺修行。随着寺院规模的一步步壮大，寺院的香火也越来越旺盛，一度有"金方丈，银知客"之说，可以想见当时寺院的富足盛况。

弘福寺现存法华塔、九曲径、古佛洞、塔林等遗迹，塔林位于弘福寺后毗卢峰下，塔林中有18座墓塔[1]，分别安葬着弘福寺历代高僧、居士的灵骨。塔林中各墓塔形制大体相同，造型均为石雕楼阁或密檐式塔，层数为3层、5层、7层不等。最中间的是弘福寺的开创

---

① 程鹏.中国古塔大观[M].合肥：合肥工业大学出版社，2015：227.

者赤松和尚的墓塔，塔的底座为六角形基座，塔身共 7 层，塔身腰檐为仿木飞檐翘角腰檐。在塔身一层正面题字"开山祖师赤松纪念塔"，塔身第四层正面刻有神像，雕刻线条流畅，形象生动。在塔身背面还刻有赤松大师的生平事迹以及对弘福寺的贡献等。塔身无门窗佛龛等，整体简洁质朴。

弘福寺法华塔

弘福寺塔林

第六章

一地一塔，蔚为壮观：随古塔看世间风华

"疏梅渐动清溪曲，霁雪遥看古塔层。"随着建筑工艺和设计技术的发展，各种形制、不同风格的古塔不断涌现，装点着神州大地。

　　作为中国传统建筑史发展的缩影，古塔历经四季轮回，惊艳千年时光，它们的存在为每一座城市增光添彩，似精神丰碑永恒不朽。

宝塔聚京郊——北京古塔

　　北京历史悠久，历代建筑的佛寺众多，光是保存完好的佛塔就有200多座，在全国都名列前茅。从唐、辽、金、元至明、清，矗立在这片土地上的数百座古塔跨越千年，仍旧保持着当初的风姿与魅力，令人啧啧称叹，流连忘返。

　　北京的古塔形制丰富，千姿百态，几乎涵盖所有的古塔种类，比如典型的楼阁式古塔有位于房山区的良乡多宝佛塔（昊天塔）、天开塔和铃铛塔等；典型的密檐式塔有坐落在西城区的天宁寺塔、"万松老人塔"，位于海淀区的慈寿寺塔，位于房山区的云居寺金仙公主塔、姚广孝墓塔，位于门头沟区的狼窝港密檐塔、广慧通理禅师塔等；典型的覆钵式塔有北海白塔、妙应寺白塔等；典型的金刚宝座塔有位于海淀区的真觉寺金刚宝座塔、香山碧云寺金刚宝座塔等。

　　值得一提的是，北京市房山区有着"塔乡"的美誉。房山古塔历史绵长悠久，曾在隋唐时兴起并盛行一时，发展至辽金时期，已经初具规模。而在往后的历史变迁中，此地古塔数量也越来越多，原有的古塔也时不时得到修茸和重建。比如房山云居寺北塔便很有名。

云居寺位于北京市房山区境内，作为北京地区有名的古寺，历史悠久，始建于隋唐时期，后为战火所毁坏，坐落其中的南塔与北塔两座古塔，只有北塔留存至今。云居寺北塔为辽代所建，用于安置高僧舍利，又称"罗汉塔"，塔身为八角形，高 20 米左右，由下至上，底

房山云居寺北塔

部为八角形须弥座，二至三层为楼阁式塔造型，三层以上至塔刹均为
覆钵式造型，两种造型合二为一，十分奇特。

　　北京的名塔有的坐落在山间，有的屹立于市井，或雄伟大气，或
灵秀轻盈，闻名于世的古塔还有妙应寺白塔、碧云寺金刚宝座塔等。

　　妙应寺坐落于北京市西城区，是北京这一六朝古都里的"元代
传奇"。白塔造型典雅，形似宝瓶，整体十分高大，通身达到 51 米，

碧云寺金刚宝座塔

基座为须弥座。白塔不仅得名于塔身的洁白颜色，还得名于塔身上没有任何雕饰，所有装饰均位于登塔的两侧台阶之上。

碧云寺金刚宝座塔位于北京海淀区香山碧云寺，建于清代乾隆年间，为我国现存所有金刚宝座塔中最高的一座，塔高 34.7 米，基座为汉白玉须弥座。

塔影映燕赵——河北古塔

作为中华民族的发祥地之一，河北风景秀丽，文化底蕴深厚，古迹众多。一座座古朴秀丽的古塔屹立在燕赵土地上，其迷人的风姿辉映古今。

河北古塔数量多、整体品质较高且形制丰富，不少古塔更是珍贵的建筑孤品，令我国著名的建筑大师梁思成拍案叫绝，赞叹不已。值得一提的是，石家庄市正定县历史悠久，古塔林立，丰富多彩，此地古塔的密集程度堪称是整个河北省古塔的雏形与缩影。

广惠寺花塔、开元寺须弥塔、天宁寺凌霄塔和临济寺澄灵塔并称为"正定四塔"，风格各异、各具千秋，都给人留下了深刻的印象。

其中，临济寺澄灵塔始建于唐代，为密檐式塔。澄灵塔是典型的实心塔，高约 30 余米，砖砌而成，八角形基台，台基之上为须弥座，塔顶有相轮、仰月、宝珠等，为铁铸而成。

除"正定四塔"外，河北出名的古塔还有易县荆轲塔、曲阳修德

临济寺澄灵塔

寺塔、衡水景州塔等。比如衡水的景州塔，是河北著名的古建筑遗存之一。景州塔是密檐楼阁式塔，塔身分为13层，外形为八面棱锥体，保存完好，内有阶梯可盘旋而上，登临远眺，景象蔚为壮观。

衡水景州塔

一城担一塔——河南古塔

　　河南地处中原，古代文物、建筑遗存十分丰富，根据河南文物局的统计，河南现存古塔共计800多座，其中600多座为砖石塔，200多座为摩崖石塔。

　　河南古塔中很多都是古代建筑艺术中的瑰宝，比如登封嵩岳寺塔、原阳玲珑塔、登封法王寺塔群等。

　　嵩岳寺塔位于郑州嵩岳寺内，在国内现存的密檐式砖塔中，嵩岳寺塔最为古老。全塔上下共15层，用小砖与黏土垒砌而成，塔基与塔身为罕见的十二边形。

　　玲珑塔位于河南省原阳县，建于宋徽宗崇宁四年（1105年），塔身分为13层，高约40米，是典型的楼阁式塔，由砖石砌成。其内部设台阶，盘旋而上，可以登临。作为宋代建筑艺术的佳作，玲珑塔以其挺拔秀丽、庄严雄伟的外观闻名于世。

河南新乡宋代玲珑塔

　　法王寺坐落于河南太室山下，有着悠久的历史。寺内共有 6 座古塔，其中唐塔 4 座，其余两座分别为元塔、清塔。4 座唐塔中，最大的塔为砖质密檐式塔，该塔以其梭形的外观及弧形的塔身线条闻名于世，被誉为中国现存线条最优美的古塔。

　　除了嵩岳寺塔、玲珑塔、法王寺塔群外，河南知名的古塔还有邓州的福胜寺梵塔、新郑古代八景之一的凤台寺塔、安阳的天宁寺塔、

安阳天宁寺塔（文峰塔）

登封的净藏禅师塔、开封的佑国寺铁塔、尉氏的兴国寺塔等，实在是数不胜数。

中国历史上第一座佛塔便建在古都洛阳，即洛阳的释迦舍利塔，从那以后，塔这种建筑艺术形式在中国大地上逐渐发扬光大起来，并成为中国传统建筑形式之一，古代建筑师们的设计巧思和精湛工艺也在一座座古塔的建造过程中被体现得淋漓尽致。

宝塔遍地起——陕西古塔

陕西自古以来便是人杰地灵之地，很多帝王选择在此建都，在时间的滚轮中留下了丰富的历史遗迹。陕西的古塔闻名遐迩，全省现存不同朝代、不同形制的古塔300余座，木、砖、石、铁和琉璃等材质应有尽有，大部分分布在关中，而陕北、陕南也存在不少古塔的踪迹。

陕西古塔中，西安大雁塔和小雁塔堪称家喻户晓，尤其是大雁塔，堪称古城西安的标志。

除了大雁塔和小雁塔外，陕西还有不少隋唐时代的古塔，主要分为楼阁式和密檐式两类，以方形、六角形、八角形居多，建筑风格上都有着相似之处，以雄浑古朴、庄重典雅的风格居多。比如周至县八云塔、兴教寺玄奘塔、鸠摩罗什舍利塔等。其中，鸠摩罗什舍利塔位于草堂寺内，整体造型雄健精美，乃唐代遗构。此塔用八种颜色的玉石雕刻镶嵌而成，这在国内古塔建筑中较为少见。

陕西宋代塔的造型承袭唐塔，风格上更俊秀、精巧，其中的杰出代表有汉中市净明寺塔、延安市岭山寺塔、周至县大秦寺塔等。

陕西元代塔的代表有横山县响铃塔等，其通体呈红褐色，为密檐楼阁式砖石塔，建筑工艺十分考究。到了明清，陕西又迎来了一阵建塔高峰，而且塔的功能与内涵与佛教的关系变得疏远，以风水塔、文星塔居多。如明代的万寿寺塔（藏经塔），屹立在西安市东郊，为典型的楼阁式砖塔；延安市唐家坪琉璃塔，建于明崇祯年间，塔身由各色琉璃砖砌成，耀眼夺目，精美异常。位于澄城县的秀峰塔、礼泉县的金龟寺塔则是陕西清塔中的精品。

"耄耋老者" 万寿寺塔

提起万寿寺塔，曾经很长的一段时间内，当地人将它与比萨斜塔相提并论，只因自 20 世纪 60 年代以来，大约是年代太过久远的原因，万寿寺塔的塔基逐渐下沉，塔身亦不断倾斜，造就西安市"比萨斜塔"的传奇景观。

为了保护这座古塔，2013 年，西安市相关部门在万寿寺塔身下焊接了一座铁支架，牢牢支撑住塔身，这有效制止了塔身的继续倾斜。当地人都笑言，万寿寺塔好似一位耄耋老者，而那座铁支架便成了他的拐棍。除此之外，相关部门还采取其他一系列措施，这才最终帮助这座古塔重新"站直"。

齐鲁撰传奇——山东古塔

　　齐鲁大地素来有"孔孟之乡""礼仪之邦"的美称，和其他的历史文化名省一样，这里有着丰富的文化遗存，文物古迹遍布，其中名塔众多。比如四门塔、兴隆塔、龙虎塔、灵岩寺辟支塔等，有的造型独特，有的形制精巧，可谓是绚丽多姿，各具风韵。

　　四门塔是隋朝时建造的亭台式塔，坐落在山东省济南市历城区。塔身坚固、浑厚，平面呈方形，由大块平整的条石筑成。四门塔整体线条简洁、利落，无多余装饰，故给人一种朴实无华、简洁有序的视觉感受和建筑质感，被称为"中华第一石塔"。

　　兴隆塔坐落于山东省济宁市，始建于隋朝，为典型的八角楼阁式砖塔。兴隆塔内设台阶，盘旋至塔顶，层间设回廊，古时文人墨客不时相邀登塔览胜，兴致勃勃地观览此间风景，更留下"我来登绝顶，举手捯云烟""峥嵘塔与白云齐，影落灵光古殿低"等诗句。

　　龙虎塔位于济南市历城区，通高 10 米多，基座（石砌方形须弥座）、塔身（由坚固石块扣合而成）、塔檐（青砖筑成的双重塔檐）、塔刹比例匀称，是山东省的千年名塔之一。龙虎塔塔身上布满精美、华丽的浮雕，多以佛像、动物为主题，其布局得当，密而不乱，为后

济宁市兖州地标建筑：兴隆塔

人研究盛唐时期雕刻艺术和建筑艺术提供了良好的范例。

　　辟支塔坐落于济南市灵岩寺境内，初建于唐朝。作为密檐楼阁式建筑，辟支塔最奇特的地方是，其塔身上下不一，三层以下为双檐，四至九层为单檐，塔径自上而下逐级递增，形态优美。

济南龙虎塔

灵岩寺辟支塔秋季风光

静听驼铃声——甘肃古塔

　　甘肃处于黄土高原、青藏高原和内蒙古高原的交汇处，地势复杂，山地、河谷、沙漠、戈壁交错分布，陇南山高谷深，北山山地大漠孤烟。由于平原面积小，且风力侵蚀严重，留存至今的古塔数量有限。

　　西汉时，佛教开始传入中国，甘肃是佛教文化的主要发展地区。但甘肃的佛教建筑以石窟为主，一些塔建在石窟之中，成了石窟的一部分，如莫高窟天王堂塔就建在莫高窟窟顶上，道士塔建在莫高窟入口处。

　　甘肃的古塔多分布于河西走廊一带，如北凉石塔、敦煌三危山木塔、甘州古塔、兰州白衣寺塔等，这些塔多为石塔、木塔和土塔，也有土木结合式塔，如敦煌老君堂慈氏塔。

　　老君堂慈氏塔建于宋朝，是单檐亭阁式塔，塔平面呈八角形，周围有围廊。塔室为方形，室内有慈氏塑像，左右两壁上绘有佛像和天王像。慈氏塔具有典型的西北建筑风格，壁用土坯砌成，塔顶用紫泥抹就，塔身为木质，是土木结构的古塔，为后世研究土木结构古塔提供了历史材料。

唐朝时，因为与西藏相近，部分吐蕃族迁徙至甘肃的河西、陇右一带，藏传佛教也随之传入甘肃，覆钵式塔便是典型的藏传佛教建筑。

敦煌白马塔

白马塔是甘肃覆钵式塔中的代表，具有明显的明朝覆钵式塔的建筑风格。白马塔始建于后秦，后世多次修缮，如今的塔是清道光年间重修的。相传，白马塔是高僧鸠摩罗什为了纪念他的爱马而修建的，所以名为白马塔。

白马塔位于敦煌沙洲古城内，塔高 12 米，共有 9 层。整座塔是用土坯砌成的，在土坯外包裹着石灰和草泥，使塔更加坚固。塔基呈八角形，塔基外用砖包砌，二到四层呈折角重叠形，第六层是覆钵形，第七层为发轮相形，第八层是坡刹盘，呈六角形，每一个角上都挂着一只风铃，塔尖为连珠式。

造型各不同——湖北古塔

　　湖北省位于长江中游，处于洞庭湖以北，地形平坦开阔，气候湿润，河网密布，有"千湖之省"的美誉。

　　湖北为楚文化的发源地，楚文化影响深远，绵延至今，楚剧、楚菜等都是楚文化的传承。

　　湖北古塔众多，或立于长江之滨，或藏于高山峻岭，自有一派风韵。在众多古塔中，黄梅四祖寺和五祖寺中的塔更具有代表性。

　　四祖寺建于唐武德七年（624年），因处于黄梅县，所以被称为黄梅四祖寺，这也是中国禅宗的第一所寺院。

　　四祖寺中的佛塔有毗卢塔、众生塔和衣钵塔等，毗卢塔是其中的代表。毗卢塔为方形单层仿木结构砖塔，建于唐永徽二年（651年），是一座典型的唐代古塔。

　　毗卢塔的塔座上建有一双层束腰式须弥座，塔高11米。整座塔用青砖砌成，塔身上有花鸟的雕刻。塔的东、南、西三方设有莲弧

武昌洪山宝塔

门，北边的门为假门。塔室室顶为穹隆顶，有八面墙壁，室梁、柱等都是青砖仿古结构的。

五祖寺建于唐永徽五年（654 年），在黄梅县以东的东山上，五祖寺中有释迦多宝来佛塔、千佛塔、十方佛塔等，这些塔交错分布于寺中，在苍松翠柏的掩映下更显古朴。

除了四祖寺和五祖寺中的佛塔之外，武昌宝通禅寺的洪山宝塔也在湖北的众多古塔中占有重要地位。

洪山宝塔坐落在洪山的南坡，宝通禅寺的北边。宝塔建于元至元十七年（1280 年）。宝塔高 44 米，共有 7 层，是砖石仿木结构的塔。塔内有石阶，可攀登至塔顶，登塔远眺，可将洪山美景尽收眼底。

古刹汇天府——四川古塔

　　四川地处西南，地势西高东低，西部多山地丘陵，东部为盆地，岷江、沱江、嘉陵江流经川蜀大地，汇入长江。

　　四川是巴蜀文化的发源地，古蜀国、古巴国的先民都曾在这片土地上生活，青羊宫、武侯祠、杜甫草堂等建筑向人们诉说着四川悠久、丰富的历史文化。

　　四川有近千座古塔，泸州报恩塔、成都邛崃镇江塔、眉山大旺寺白塔、遂宁蓬溪鹫峰寺塔、达州渠县云峰塔、德阳中江北塔等，每座塔都各有特色，是四川古塔中的珍品。

　　不同于那些建在佛寺、山林中的塔，泸州报恩塔是一座处于闹市中的古塔。这座古塔位于泸州城区的报恩塔文化广场，周围没有其他古建筑，市民们在报恩塔周围乘凉、散步，这座古塔也成了城市景观的一部分。

　　报恩塔建于南宋绍兴十八年（1148年），是一座双檐楼阁式塔。

邛崃镇江塔

塔高 33.2 米，共有 7 层，为砖石建造。塔基呈八边形，塔室内有石刻佛像，有楼梯可登至塔顶。

邛崃的镇江塔高 75.48 米，是中国现存最高的风水古塔，也是成都市最高的古塔。

镇江塔又称回澜塔，建于南河河边。相传，明朝时南河水患严重，一高僧说是恶龙作怪，当地人便在江边建了镇江塔，以止水患。现存的镇江塔是清乾隆年间重修的。该塔为六边形的楼阁式砖塔，共有 13 层，塔第一层的门上刻有"镇江塔"三个字。

显地域风情——福建古塔

福建地处东南沿海，三面环山，一面靠海，多山地丘陵、河流峡谷，有"八山一水一分田"之称。在这里生活着汉族、苗族、壮族、高山族等多个民族，在不同民族聚居的地方都有独特的民族文化。

在中国古代，因为受到山峦阻隔，福建不便与内陆地区往来，逐渐形成了具有地域特色的闽越文化。

受到地域文化的影响，福建的古塔也具有地域风情，如福建独特的海中塔——石矾塔。

石矾塔处于漳江入海口处，建在海中岛礁上，因岛礁名为石矾，故塔名为石矾塔。

石矾塔建于清康熙九年（1670年），嘉庆年间被重建。石矾塔为密檐式空心塔，呈八角形。塔高24.81米，共有7层。整座塔用花岗岩条石筑成，每一层的分隔处都用条石横铺出檐，每个檐角都是飞檐。塔内有盘旋状的石阶，可登至塔顶。

石矾塔

因为石矾塔立于岛礁中，每当涨潮时，岛礁被海水冲刷、淹没，石矾塔的塔身也会没于水中，远看像是立于浩渺的海面上。

泉州开元寺作为福建省内最大的寺院，寺中的东西二塔在闽南也是家喻户晓的古塔。

开元寺建于唐朝初年，占地面积 7800 平方米。东西二塔位于寺庙的东西两侧，都是仿木构的楼阁式石塔。

东塔名为镇国塔，建于唐咸通六年（865 年），初建时为五层木塔，南宋时改为 7 层石塔，塔高 48.24 米。东塔由回廊、外壁、塔内回廊、塔心八角柱四部分构成，八角柱贯穿全塔，各层在 8 个转角处都设有石梁，连接石柱和塔壁。石梁和梁托之间为榫眼结合，异常坚固。塔壁为花岗岩，使用交错的方法堆叠，增加了塔的稳定性。

西塔名为仁寿塔，建于五代梁贞明二年（916 年），初建时为 7 层木塔，南宋时改为石塔，塔高 44.06 米，规格与东塔大体一致。

泉州开元寺东西二塔

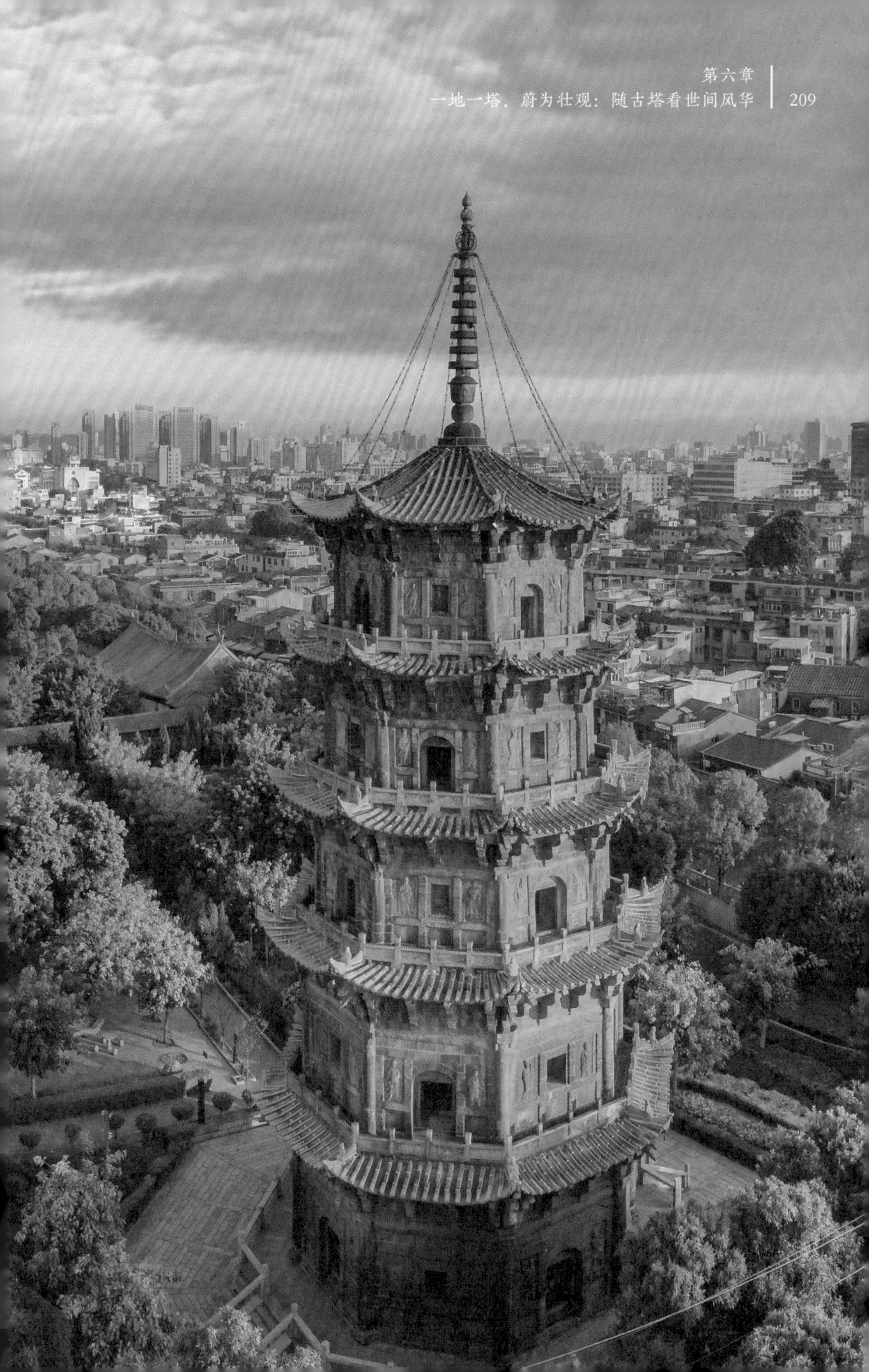

参考文献

[1] 程鹏.中国古塔大观[M].合肥：合肥工业大学出版社，2015.

[2] 段柄仁，《北京文物百科全书》编辑部.北京文物百科全书[M].北京：京华出版社，2007.

[3] 敦煌莫高窟早期建筑营造技艺——慈氏塔 [EB/OL].https://zhuanlan.zhihu.com/p/198952191，2020-08-26.

[4] 发现河北古塔之美：木瓦砖石千塔千面 [EB/OL].https://baijiahao.baidu.com/s?id=1721106259175262379&wfr=spider&for=pc，2022-01-05.

[5] 飞虹塔 [EB/OL].https://baike.baidu.com/item/%E9%A3%9E%E8%99%B9%E5%A1%94/1285133，2022-05-20.

[6] "古迹探真"走进北京"塔乡"揭秘古朴典雅的"密檐式塔" [EB/OL].https://baijiahao.baidu.com/s?id=1673543171254702452&wfr=spider&for=pc，2020-07-29.

[7] 古塔的建筑之美 [EB/OL].http://www.360doc.com/content/21/0429/21/39749676_974795577.shtml，2021-04-29.

[8] 顾延培，吴熙棠.中国古塔鉴赏 [M].上海：同济大学出版社，1996.

[9] 弘福寺（贵州省贵阳市弘福寺）[EB/OL].https://baike.baidu.com/item/%E5%BC%98%E7%A6%8F%E5%AF%BA/84571，2021-01-26.

[10] 胡强.华东线导游训练教程 [M].北京：旅游教育出版社，2017.

[11] 黄凯.浅谈广胜寺明代琉璃塔的建筑艺术特征 [J].文物世界，2016（6）：44-46+67.

[12] 灵岩寺（山东省济南市的第二批全国重点文物保护单位）[EB/OL].https://baike.baidu.com/item/%E7%81%B5%E5%B2%A9%E5%AF%BA/4877923，2022-06-11.

[13] 刘策.中国古塔 [M].银川：宁夏人民出版社，1981.

[14] 刘祚臣.古塔史话 [M].北京：社会科学文献出版社，2012.

[15] 娄宇，李智.中外建筑史 [M].武汉：武汉理工大学出版社，2015.

[16] 罗哲文，柴福善.中华名塔大观 [M].北京：机械工业出版社，2009.

[17] 罗哲文.中国古塔 [M].北京：中国青年出版社，1985.

[18] 妙严大师塔 [EB/OL].https://baike.baidu.com/item/%E5%A6%99%E4%B8%A5%E5%A4%A7%E5%B8%88%E5%A1%94/10577479，2022-03-07.

[19] 闽南的塔：从佛门走向世俗 [EB/OL].https://zhuanlan.zhihu.

com/p/355800342，2021–03–09.

[20] 千年不朽奇塔里的佛造像 [EB/OL].https://baijiahao.baidu.com/
s?id=1673563294438102718&wfr=spider&for=pc，2020–07–29.

[21] 山西广胜寺飞虹塔，世界最高的琉璃塔，雍正帝曾亲
笔题写匾额 [EB/OL].https://baijiahao.baidu.com/s?id=169998284
4923204629&wfr=spider&for=pc，2021–05–20.

[22] 陕西省古塔 [EB/OL].http://dfz.shaanxi.gov.cn/sxts/msgj/201610/
t20161020_676143.html，2014–05–13.

[23] 宋卫忠.北京古代建筑 [M].北京：北京出版社，2018.

[24] 潭柘古刹石塔群 [EB/OL].https://baike.baidu.com/item/%E6%
BD%AD%E6%9F%98%E5%8F%A4%E5%88%B9%E7%9F%B3%E5%A
1%94%E7%BE%A4/19760509，2022–06–10.

[25] 万寿宝塔 [EB/OL]. https://baike.baidu.com/item/%E4%B8%
87%E5%AF%BF%E5%AE%9D%E5%A1%94/8686496，2021–10–28.

[26] 王家范，谢天佑.中华古文明史辞典 [M].杭州：浙江古籍出
版社，1999.

[27] 王魏.中国考古学大辞典 [M].上海：上海辞书出版社，2014.

[28] 温州这座古塔曾出土千件文物，塔内佛像竟有异域风格
还有意外之喜 [EB/OL].https://baijiahao.baidu.com/s?id=170399299
6101602582&wfr=spider&for=pc，2021–06–30.

[29] 夏志峰，张斌远.中国古塔 [M].杭州：浙江人民出版社，
1996.

[30] 徐华铛.中国古塔造型 [M].北京：中国林业出版社，2007.

[31] 徐静茹 . 中国古塔 [M]. 北京：中国商业出版社，2014.

[32] 寻宋江南 | 龙华塔：一座"活"在当下的古塔 [EB/OL]. https://baijiahao.baidu.com/s?id=1719664956061141982，2021–12–20.

[33] 叶苗 . 中国塔的历史演进 [J]. 北京纪事，2022（4）：13–15.

[34] 营造构法：古代各个朝代的塔，都有什么特点？[EB/OL]. https://www.sohu.com/a/479338763_121124715，2021–07–24.

[35] 遇见，邛崃古塔 [EB/OL].https://zhuanlan.zhihu.com/p/161783799，2020–07–21.

[36] 张建安 . 中国古塔——建筑艺术鉴赏 [M]. 大连：大连出版社，1996.

[37] 张始峰 . 中国古塔的类型及作用 [J]. 兰台世界，2011（13）：60–61.

[38] 赵程久 . 北京古塔 [M]. 北京：中国民族摄影艺术出版社，2008.

[39] 这是造型最多变的传统建筑，你都清楚吗 | 古塔形制和纹饰元素总结 [EB/OL].https://www.sohu.com/a/367778762_617491，2020–01–19.

[40] 中国古塔知多少？[EB/OL].https://baijiahao.baidu.com/s?id=1679237611444480768,2020–09–30.